U0086813

Photoshop
平面設計實戰
空間與建築合成精粹 CC/CS6通用

尚存、王紅梅、聖堂數位有限公司 編著

Design Drawing and Photoshop

由淺入深地從Photoshop基礎操作開始講解，
包括一般工具、色版與遮色片、影像調整工具、混合模式、濾鏡效果等；
以人文景觀、建築設計及空間設計做為練習主題，重點式的進行操作技巧的訓練。
理論連結實例的教學方法，是城市景觀規劃、建築設計相關領域的入門精選教材。

博碩文化

編　　者：尚存、王紅梅、聖堂數位有限公司
責任編輯：Cathy

發 行 人：詹亢戎
董 事 長：蔡金崑
顧　　問：鍾英明
總 經 理：古成泉

Photoshop 平面設計實戰 —
空間與建築合成精粹

出　　版：博碩文化股份有限公司
地　　址：221 新北市汐止區新台五路一段 112 號 10 樓 A 棟
　　　　　電話 (02) 2696-2869 傳真 (02) 2696-2867

發　　行：博碩文化股份有限公司
郵撥帳號：17484299 戶名：博碩文化股份有限公司
博碩網站：http://www.drmaster.com.tw
讀者服務信箱：DrService@drmaster.com.tw
讀者服務專線：(02) 2696-2869 分機 216、238
（周一至周五 09:30 ～ 12:00；13:30 ～ 17:00）

版　　次：2016 年 4 月初版一刷

建議零售價：新台幣 420 元
I S B N：978-986-201-099-6
律師顧問：鳴權法律事務所 陳曉鳴

本書如有破損或裝訂錯誤，請寄回本公司更換

國家圖書館出版品預行編目資料

Photoshop 平面設計實戰－空間與建築合成精
粹 / 尚存等作 . -- 初版 . -- 新北市：博碩文化，
2016.04
　面；　公分
ISBN 978-986-434-099-6(平裝)

1. 數位影像處理

312.837　　　　　　　　　　　　105004302

Printed in Taiwan

歡迎團體訂購，另有優惠，請洽服務專線
博碩粉絲團 (02) 2696-2869 分機 216、238

商標聲明

本書中所引用之商標、產品名稱分屬各公司所有，本書引用
純屬介紹之用，並無任何侵害之意。

有限擔保責任聲明

雖然作者與出版社已全力編輯與製作本書，唯不擔保本書及
其所附媒體無任何瑕疵；亦不為使用本書而引起之衍生利益
損失或意外損毀之損失擔保責任。即使本公司先前已被告知
前述損毀之發生。本公司依本書所負之責任，僅限於台端對
本書所付之實際價款。

原著版權聲明

本書簡體字版名為《Photoshop 平面設計案例教程》．978-
7-121-25302-7，由電子工業出版社出版，專有出版權屬
電子工業出版社。本書為電子工業出版社獨家授權的中文繁
體字版本，僅限於台灣地區出版發行。未經本書原著出版者
與本書出版者書面許可，任何單位和個人均不得以任何形式
（包括任何資料庫或存取系統）複製、傳播、抄襲或節錄本
書全部或部份內容。

本書著作權為作者所有，並受國際著作權法保護，未經授權
任意拷貝、引用、翻印，均屬違法。

前言

由 Adobe 公司推出的 Photoshop 軟體是目前採用最廣泛的圖像處理和編輯軟體，也是標準的圖像編輯解決方案。Photoshop 介面直觀且富有人性化，操作簡單實用，具有較強的靈活性。其處理的景觀效果圖能夠更加真實地刻畫出各景觀要素的色彩、質感，能夠營造出極其真實的環境，還能進行精細的修改並能透過電腦運算來進行各種複雜的後期加工，取代了人工設計所無法比擬的巨大效益。因此，其在電腦科學與技術、場地規劃、城市設計、場地設計、環境藝術、園林設計等工程設計後期處理中具有畫龍點睛的效果。

本書共 9 章，分為兩部分。第一部分為理論基礎，包括第 1、2 章。第 1 章介紹圖像處理基礎知識和 Photoshop CS6 操作基礎和操作環境，第 2 章介紹 Photoshop CS6 設計中常用工具。第二部分為實例講解，包括第 3 ～ 9 章。第 3 章講解 Photoshop 在色版和遮色片的應用，第 4 章介紹常用的調整工具，第 5 章介紹圖層的混合模式及其對影像合成的變化，第 6 章介紹濾鏡的應用，第 7 章介紹效果圖後期渲染技法，第 8 章以實例講解人文景觀的圖像處理與設計，第 9 章以實例介紹空間設計的後期處理與製作。

本書具有兩個突出特點：① 具有較強的針對性，主要針對電腦專業、環境藝術設計、城鎮規劃及其相關專業的學生，也可作為成人教育電腦輔助設計及相關專業教材，具有很強的實用性。② 採用了理論兼具實際的案例驅動的教學方法，結合案例進行基本知識、基本操作和操作技巧的介紹。

全書深入淺出地介紹了電腦輔助設計軟體 Photoshop 在效果圖後期圖像處理上的基礎知識、基本技能操作和案例訓練，吸收了當前電腦輔助設計的最新成果。本書以實用為原則，基礎知識以夠用為度，重點進行操作技能的訓練。部分習題僅給出了操作提示，但並沒有給出詳細的操作步驟，目的是可以留出更多的思考和發揮的空間。

本書由信陽農林學院尚存、鄭州航空工業管理學院王紅梅主編，參加本書編寫工作的人員主要有鄭州航空工業管理學院、信陽農林學院張志鋒、信陽農林學院馬婷、甘肅林業職業技術學院馬金萍。本書可以作為電腦專業、環境藝術設計、園林設計等相關專業教材，也可以作為圖形圖像製作愛好者的自學用書。

受作者水準所限，書中不足之處在所難免，望讀者批評指正。

本書的原始檔案等為讀者提供兩種下載方式：①華信教育資源網（http://www.hxedu.com.cn）免費下載；②書附光碟素材下載。

作者

2015 年 1 月

編者序

「聖堂數位有限公司」成立於 2012 年 5 月，由一群跨領域專長的成員所組成。團隊服務項目包括商業設計、媒體製播、工業設計、創新評估、資訊應用及行銷企劃六大領域，全方位的設計技術服務，滿足企業在不同階段的升級需求，替企業品牌注入全新生命。

聖堂數位以「文化、數位、創意、設計」為軸心精神，以蘊含人文內涵的思維，透過跨領域的多媒體整合，導入數位潮流的創新技術，從產業動向中定位適切的價值主張，重新詮釋傳統產業的品牌意象，讓設計不只是設計，而是開創全新商業價值的契機。

本書由聖堂數位具備多年出版經驗的資深作者群合力編譯，結合多年在業界的實務經驗對本書進行再編輯，過程統整了專業攝影、平面設計、室內設計及工業設計等方面的專業人才，發揮聖堂數位跨領域整合的能力提供讀者更專業的 Photoshop 案例課程。

本書除了保有原作由深入淺介紹 Photoshop 的基礎理論、操作技巧與實務議題演練外，更加入了最新版 Photoshop CC 的新增功能與應用演練，目的就是希望能協助同學學習最新的 Photoshop 知識與應用技巧，讓 Photoshop 不單只是個畫圖的工具，而是能透過色彩、質感以及方便好用的 Photoshop 後製工具，創造出真實可用於生活的設計作品，為生活甚至職場帶來加分的作用。

本書得以發行，必須感謝許多設計前輩的鼓勵與支持。對於所有參與素材設計、範例製作之編者群們的熱心付出，亦謹此一併敬致謝忱。

聖堂數位有限公司

目錄

目錄

1　Photoshop 基本知識

1.1　影像的類型　1-2
　1.1.1　點陣影像　1-2
　1.1.2　向量影像　1-3
1.2　圖像的解析度　1-3
　1.2.1　像素　1-3
　1.2.2　解析度　1-4
　1.2.3　像素與解析度的關係　1-5
1.3　常見的影像檔案格式　1-5
　1.3.1　PSD 格式　1-7
　1.3.2　JPEG 和 BMP　1-7
　1.3.3　TIFF 和 EPS　1-7
1.4　影像的色彩模式　1-8
1.5　Photoshop CS6 工作環境及介面　1-10
　1.5.1　Photoshop CS6 介面　1-11
　1.5.2　顯示 / 隱藏所有面板　1-13
1.6　Photoshop CS6 新增和修改的功能　1-15
1.7　Photoshop CC 新增的實用功能　1-23

2　影像處理常用工具

2.1　選取工具　2-2
　2.1.1　選取畫面工具　2-2
　2.1.2　建立不規則選取範圍　2-5
　2.1.3　魔術棒　2-7

2.1.4	調整、編輯選取範圍	2-8
2.2	繪圖工具與填滿工具的應用	2-15
2.2.1	設定顏色	2-15
2.2.2	繪圖工具組	2-17
2.2.3	橡皮擦工具	2-27
2.2.4	填滿工具	2-30
2.3	修飾工具	2-34
2.3.1	印章工具	2-34
2.3.2	影像修復	2-36
2.3.3	影像的修飾	2-37
2.4	顯示工具	2-40
2.4.1	縮放工具	2-40
2.4.2	手形工具	2-41
2.4.3	導覽器面板	2-41
2.5	路徑工具	2-42
2.5.1	路徑基本概念	2-42
2.5.2	筆型工具組	2-43
2.5.3	形狀工具組	2-46
2.5.4	選擇工具	2-47
2.5.5	編輯路徑與應用	2-48
2.6	文字工具	2-53
2.6.1	輸入文字	2-53
2.6.2	文字編輯	2-56
2.6.3	處理文字圖層	2-58
2.6.4	文字與路徑	2-58
2.7	案例實作	2-60

3 色版和遮色片

3.1	戲劇化色彩影像處理	3-2
3.2	時尚雜誌封面製作	3-5
3.3	影像混合技術	3-9

4 常用的調整工具

4.1	亮度 / 對比	4-2
4.2	色階	4-3
4.3	曲線	4-6
4.4	色相 / 飽和度	4-11
4.5	自然飽和度	4-13
4.6	色彩平衡	4-15
4.7	黑白	4-17
4.8	相片濾鏡	4-18
4.9	陰影 / 亮部	4-19

5 混合模式

5.1	正常系列	5-2
5.2	色彩增值系列	5-3
5.2.1	變暗	5-3
5.2.2	色彩增值	5-4
5.2.3	加深顏色	5-4
5.2.4	線性加深	5-5

5.2.5	顏色變暗	5-6
5.3	**濾色系列**	**5-6**
5.3.1	變亮	5-6
5.3.2	濾色	5-7
5.3.3	加亮顏色	5-8
5.3.4	線性加亮（增加）	5-8
5.3.5	顏色變亮	5-9
5.4	**覆蓋系列**	**5-9**
5.4.1	覆蓋	5-9
5.4.2	柔光	5-10
5.4.3	實光	5-11
5.4.4	強烈光源	5-11
5.4.5	線性光源	5-12
5.4.6	小光源	5-12
5.4.7	實色疊印混合	5-13
5.5	**差異化系列**	**5-13**
5.5.1	差異化	5-13
5.5.2	排除	5-14
5.5.3	減去	5-15
5.5.4	分割	5-15
5.6	**顏色系列**	**5-16**
5.6.1	色相	5-16
5.6.2	飽和度	5-16
5.6.3	顏色	5-17
5.6.4	明度	5-17

目錄

6　濾鏡

6.1	火焰效果背景的製作（雲彩效果濾鏡的使用）	6-2
6.2	線性紋理的製作（增加雜訊、高斯模糊濾鏡工具的使用）	6-4
6.3	「X」字體設計	6-8
6.4	人物的增加及發射光線製作	6-11

7　景觀模擬圖後製合成技巧

7.1	景觀平面彩色模擬圖後製合成	7-2
	7.1.1　平面圖的分析階段	7-2
	7.1.2　AutoCAD 檔的轉換輸出	7-3
	7.1.3　影像檔匯入 Photoshop 中分層處理	7-5
	7.1.4　廣場軟質景觀綠化處理	7-7
	7.1.5　廣場鋪裝	7-9
	7.1.6　環境配景處理	7-12
	7.1.7　完成整體調整	7-15
7.2	景觀透視模擬圖後製處理	7-15
	7.2.1　景觀透視圖的分析階段	7-15
	7.2.2　3ds Max 檔的轉換輸出	7-16
	7.2.3　影像檔匯入 Photoshop 中分層處理	7-16
	7.2.4　環境景觀的處理	7-17
	7.2.5　軟質景觀的處理	7-18
	7.2.6　裝飾配景處理	7-20
	7.2.7　完成整體調整	7-22
7.3	景觀立面模擬圖後製處理	7-23
	7.3.1　立面圖的分析階段	7-23

7.3.2	AutoCAD 檔的轉換輸出	7-24
7.3.3	影像檔匯入 Photoshop 中分層處理	7-24
7.3.4	為主題景觀填滿色彩	7-26
7.3.5	立面軟質景觀的處理	7-29
7.3.6	景觀立面天空的處理	7-30
7.3.7	景觀增加元素	7-31
7.3.8	整體調整	7-32
7.4	景觀鳥瞰圖後製	7-33
7.4.1	渲染影像檔匯入	7-33
7.4.2	影像檔匯入 Photoshop 中分層處理	7-33
7.4.3	山製作調整	7-34
7.4.4	道路處理	7-36
7.4.5	佈局建築	7-37
7.4.6	佈局建築綠化景觀處理	7-37
7.4.7	整體調整	7-39

8　人文景觀的設計與處理

8.1	人文景觀影像常見處理方法	8-2
8.1.1	快速處理 RAW 檔影像	8-2
8.1.2	控制影像的景深效果	8-5
8.1.3	全景影像合成方法	8-8
8.2	Photoshop 在人文景觀設計中的應用	8-13
8.2.1	江南水鄉景觀的效果處理與設計	8-13
8.2.2	高原景觀的效果處理與設計	8-25
8.2.3	景觀宣傳海報的處理與設計	8-36

9 空間設計模擬圖後製合成技巧

9.1　商業辦公大樓建築外觀模擬圖後製實例　　　　　9-2

　　9.1.1　打開檔案　　　　　9-2

　　9.1.2　調整建築主體　　　　　9-4

　　9.1.3　增加配景　　　　　9-5

　　9.1.4　整體效果調整　　　　　9-13

9.2　中式餐廳模擬圖後製實例　　　　　9-16

　　9.2.1　製作分析　　　　　9-16

　　9.2.2　打開成品圖及色版檔案　　　　　9-17

　　9.2.3　調整局部效果　　　　　9-18

　　9.2.4　調整整體效果　　　　　9-30

　　　　　參考文獻　　　　　9-33

CHAPTER **1**

Photoshop 基本知識

> **內容導覽**

在使用 Photoshop 進行影像處理之前，我們必須瞭解一些關於影像方面的專業術語以及印前基本知識，本章介紹的基本知識都是作為影像後製需要掌握的基本知識。只有透過學習，我們才能更好地利用 Photoshop 影像設計軟體優越的功能進行創意和設計。

> **學習要點**

◇ 影像的類型

◇ 影像的解析度

◇ 常見的檔案格式

◇ 色彩模式

在電腦中，影像是以數位的方式記錄、處理和保存的。所以，影像也被稱為數位影像。在電腦中，影像類型大致可以分為兩種：點陣影像與向量影像。它們各有特點，認識其特色和差異，有助於建立、編輯和應用數位影像。在處理時，通常將這兩種影像交叉運用，下面分別介紹點陣影像和向量影像。

▶ 1.1.1 點陣影像

點陣是由許多大小方格狀的不同色塊組成的影像，而每個色塊都有一個明確的顏色。由於一般點陣影像的像素都非常多而且小，因此看起來仍然是細膩的影像，當影像放大時，組成它的像素點同時等比放大，放大到一定倍數後，影像的顯示效果就會變得越來越模糊，從而出現類似馬賽克的效果，如圖 1-1 和圖 1-2 所示。

⚲ 圖 1-1 原始點陣影像　　　　　　⚲ 圖 1-2 點陣影像局部放大顯示效果

TIPS

1. Photoshop 通常處理的都是點陣影像。Photoshop 處理影像時，像素的數量和密度越高，影像就會越精緻且逼真。

2. 要鑑別點陣影像最簡單的方法就是將顯示的比例放大，如果放大的過程中產生了鋸齒，那麼該圖片就是點陣圖。

3. 點陣影像的優點在於能表現顏色的細微層次，如照片的顏色層次，且處理較簡單和方便。其缺點在於不能任意放大顯示，否則會出現鋸齒邊緣或類似馬賽克的效果。

向量是以數位方式來描述線條和曲線，其基本組成是錨點和路徑。向量圖可以隨意地放大或縮小，而不會使影像失真或遺漏影像的細節，也不會影響影像的清晰度。但向量圖不能描繪豐富的色調或是表現較多的影像細節。

向量影像適合於以線條為主的圖案和文字標誌設計、工藝藝術設計等領域。另外，向量影像與解析度無關，無論放大和縮小多少倍，影像都有一樣平滑的邊緣和清晰的視覺效果，即不會出現失真現象。將影像放大後，可以看到影像依然很精細，並沒有因為顯示比例的改變而變得粗糙，如圖 1-3、圖 1-4 所示。

⋒ 圖 1-3 原始向量影像

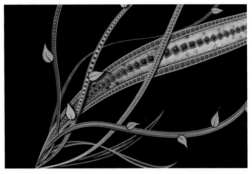

⋒ 圖 1-4 向量影像局部放大顯示效果

TIPS

1. 典型的向量軟體有 Illustrator、CorelDRAW、FreeHand、AutoCAD 等。

2. 向量影像與點陣影像的區別：點陣影像所編輯的對象是像素，而向量影像編輯的對象是紀錄顏色、形狀、位置屬性等的物體，向量圖善於表現清晰的輪廓，它是文字和線條圖形的最佳選擇。

1.2　圖像的解析度

▶ **1.2.1 像素**

像素是組成影像的基本元素。每個像素都有自己的位置，並記錄著影像的顏色訊息。一個影像包含的像素越多，顏色訊息就越豐富，影像效果也越好。一幅影像通常由許多像素組成，這些像素排列成行和列。當使用放大工具將影像放到足夠大的倍數時，就可以看到類似馬賽克的效果，如圖 1-5、圖 1-6 所示。

⋂ 圖 1-5 原始影像　　　　　　　　⋂ 圖 1-6 影像放大後呈現馬賽克的效果

▶ 1.2.2 解析度

解析度是單位長度內的點、像素數目。解析度的高低直接影響點陣影像的效果。太低會導致影像模糊粗糙。通常以 "像素 / 英吋" （pixel/inch）來表示，簡稱 PPI。例如：72ppi 表示每一英吋包含 72 個像素點，300ppi 表示每一英吋包含 300 個像素點。影像解析度也可以描述為組成一幅影像的像素個數。例如：800×600 的影像解析度表示該影像由每列 800 個像素組成、每行有 600 個像素組成。既反映了影像的精緻程度，又給出了該影像的大小。

⋂ 圖 1-7 解析度 72ppi　　⋂ 圖 1-8 解析度 150ppi　　⋂ 圖 1-9 解析度 350ppi

在一般情況下，解析度越高，包含的像素數目就越高，影像就越清晰。上頁圖 1-7~ 圖 1-9 為相同列印尺寸但不同的解析度的三個影像，可以看到，低解析度影像比較模糊，高解析度的影像相對的清晰許多。

▶ 1.2.3 像素與解析度的關係

像素與解析度的組合方式決定了影像的檔案大小。例如：1 英吋 × 1 英吋的兩個影像，解析度是 72ppi 的影像包含了 5184 個像素，解析度為 300ppi 的影像則包含多達 90000 個像素。

TIPS

列印時，高解析度影像比低解析度影像包含更多的像素。解析度高低直接影響影像的效果，解析度太低，會導致影像粗糙，列印輸出時影像會模糊，使用較高的解析度會增大影像檔的大小，並且降低影像的列印速度、只有根據影像的用途設定適合的解析度才能取得最佳的使用效果。下列列舉一些常用的影像解析度參考的標準：

1. 影像用於螢幕或是網路，解析度為 72ppi。

2. 影像用於噴墨影印機輸出，解析度通常為 100~150ppi。

3. 影像用於印刷，解析度設置為 300ppi。

1.3　常見的影像檔案格式

影像的格式即影像儲存的方式，它決定了影像在儲存時所能保留的檔案訊息及檔案特徵。使用**檔案→儲存**指令或**另存為**指令儲存影像時，可以在打開的對話視窗中選擇檔案的儲存格式，當選擇了一種影像格式後，對話視窗下的儲存選項中的選項內容均會產生對應的變化，如圖 1-10、圖 1-11 所示。

Photoshop 基本知識

1

图 1-10 选择格式

图 1-11 选择格式后储存选项的变化

▶ 1.3.1 PSD 格式

PSD 是 Photoshop 中使用的一種標準影像檔案格式,是唯一能支援全部影像色彩模式的格式。PSD 檔案能夠將不同的物件以圖層的方式來分離保存,便於修改或製作各種特殊效果。以 PSD 格式保存的影像可以包含圖層、色版及色彩模式。以 PSD 格式保存的影像通常含有較多的數位訊息,可隨時進行編輯和修改,是一種無損失的儲存格式。*.psd 或 *.pdd 檔案格式保存的影像沒有經過壓縮,特別是當圖層較多時,會佔用很大的硬碟空間。若需要把帶有圖層的 PSD 格式的影像轉換成其他格式的影像檔案,須先把圖層合併,然後再進行轉換;對於尚未編輯完成的影像,選用 PSD 格式來儲存檔案是最佳的選擇。

▶ 1.3.2 JPEG 和 BMP

JPEG 格式檔案儲存空間小,主要用於圖像預覽及網路格式,如 HTML 檔案等。使用 JPEG 格式的影像經過高倍率的壓縮,可使影像檔變得較小,但會遺失部分不易察覺的數據,其保存後的影像沒有原影像的質量好。因此,在印刷時不應使用這種檔案格式。

BMP 格式是一種標準的點陣影像的檔案格式,使用非常廣。由於 BMP 格式是 Windows 中的標準檔案格式,因此在 Windows 環境中執行的圖形影像軟體都是支援 BMP 格式。以 BMP 格式儲存時,可以節省空間而不會破壞影像的任何細節,唯一的缺點就是儲存及開啟時的速度較慢。

TIPS

若影像檔案不需做為其他用途,只用來預覽、欣賞、或是為了方便攜帶,儲存在移動設備中,可將其保存為 JPEG 格式。

▶ 1.3.3 TIFF 和 EPS

TIFF 格式在平面設計領域中是最常用的影像檔案格式,它是一種靈活的點陣影像格式,檔案副檔名為 ".tif" 或 ".tiff",幾乎所有的影像編輯和排版類的軟體都支援這種檔案格式。

TIFF 格式支援 RGB、CMYK、Lab、索引顏色、點陣模式和灰階的色彩模式。

EPS 格式主要用於繪圖或排版,是一種 postscript 格式,其優點在於排版軟體中是以較低的解析度預覽,並插入檔案中進行編輯排版,在列印或輸出相片時是以高解析度輸出,做到工作效率和輸出品質兼顧。

1.4　影像的色彩模式

Photoshop 可以自由轉換影像的各種色彩模式。不同的色彩模式所包含的顏色範圍不同,且由於其特性存在差異,在轉換中多少會遺失一些數據。因此,在進行模式轉換時,應按需處理影像色彩模式,來獲得高品質的影像。不同的色彩模式對顏色的表現能力可能會有很大的差異,如圖 1-12、圖 1-13 所示。

⊙ 圖 1-12 RGB 模式下的影像　　　　⊙ 圖 1-13 CMYK 模式下的影像

1 · RGB 色彩模式

RGB 色彩模式是 Photoshop 預設的色彩模式,也是常用的模式之一,這種模式以光的三原色紅(R)、綠(G)、藍(B)為基礎,透過紅、綠、藍的各種數值進行組合來改變像素的顏色。當 RGB 色彩數值均為 0 時,為黑色;當 RGB 色彩數值均為 255 時,為白色;當 RGB 色彩數值相等時,產生灰色。無論是掃描輸入的影像,還是繪製的影像,都是以 RGB 模式儲存的。RGB 模式下處理影像比較方便,且 RGB 影像比 CMYK 影像檔案容量要小的多,可以節省儲存的空間。在 Photoshop 中處理影像時,通常會先設定為 RGB 模式,只有在這種模式下,影像沒有任何編輯限制,可以進行任何調整編輯,如圖 1-14 所示。

2 · CMYK 色彩模式

CMYK 色彩模式是一種印刷模式，C 代表青色（Cyan），M 代表洋紅（Magenta），Y 代表黃色（Yellow），K 代表黑色（Black），以這四種油墨為基本色。CMYK 色彩模式表現的是白光照射在物體上，經過物體吸收一部分顏色後，反射產生的色彩，又稱為減色模式。

CMYK 色彩被廣泛應用於印刷和製版的行業，每種顏色的數值範圍都被分配一個百分比值，百分比值越低，顏色越淺，百分比值越高，顏色越深。

3 · 灰階模式

使用灰階模式保存圖像，意味著一幅彩色影像中的所有色彩訊息都會遺失，該影像將成為一個介於黑色、白色之間的 256 階灰階顏色所組成的影像。在灰階模式中，影像中所有像素的亮度值變化範圍都為 0~255。0 表示灰階最弱的顏色，即黑色；255 表示灰階最強的顏色，即白色；其他值是指黑色漸變至白色中間過渡的灰色。在灰階檔中，影像的色彩飽和度為零，亮度是唯一能夠影響灰階影像的選項。灰階影像效果如圖 1-15 所示。

◑ 圖 1-15 灰階影像效果

1.5 Photoshop CS6 工作環境及介面

安裝了 Photoshop CS6 中文版後，系統會自動在 Windows 的開始功能表裡建立一個圖示"Adobe Photoshop CS6"，圖 1-16 為 Photoshop CS6 開始介面。選擇**開始功能表 → 所有應用程式 → Adobe Photoshop CS6**，即可開啟 Photoshop CS6 軟體進入其主操作畫面，如圖 1-17 所示。其操作介面由選單列、選項列、工具箱、影像版面、工作區、狀態列、浮動面板等組成，與 Photoshop CS5 相比，其介面相對簡化。

◑ 圖 1-16 Photoshop CS6 開始介面

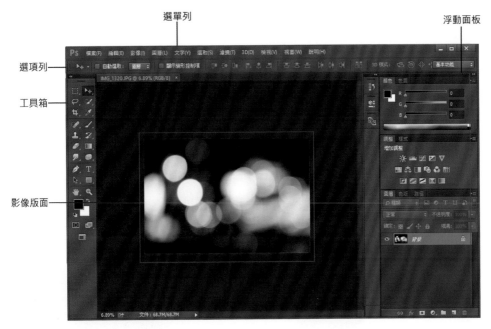

選單列

浮動面板

選項列

工具箱

影像版面

● 圖 1-17 Photoshop CS6 主操作介面

▶ 1.5.1 Photoshop CS6 介面

1‧選單列

選單列位於整個視窗的上方，提供了進行影像處理所需要的各種指令，共 11 個選單，分別是檔案、編輯、影像、圖層、文字、選取、濾鏡、3D、檢視、視窗和說明。智慧型操作的不斷完善，可以幫助我們提升效率，把時間用在創意和構思上。

2‧選項列

在選項列中可以對目前選擇的工具進行設定。選擇不同的工具，在屬性欄中就會顯示相應工具的選項，可以設定關於該工具的各種屬性，以產生不同的效果。

3‧工具箱

在工具箱中，可以在各工具之間進行切換，進而對影像進行編輯，如圖 1-18 所示，其中包括 50 多種工具。這些工具又分成了若干組，排列在工具箱中，可對

圖像進行選擇、繪製、取樣、編輯、移動和檢視等操作。單擊工具圖示或按快捷鍵，可以使用這些工具。

4·狀態列

狀態列位於工作視窗的最底端，用來顯示當前影像顯示比例和檔案大小。

5·浮動面板

浮動面板也稱為工作面板，是 Photoshop 工作介面中非常重要的一個組成部分，也是在進行影像處理時先選擇色彩、編輯圖層、新增色版、編輯路徑和取消編輯操作的主要功能面板。浮動面板最大的優點是單擊面板右上角的 ◀◀ 按鈕，可以將面板收合為圖示狀，把空間留給影像，如圖 1-19 所示。

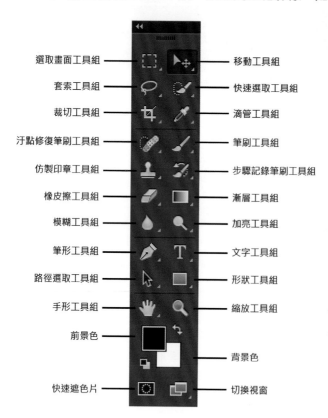

選取畫面工具組 —— 移動工具組
套索工具組 —— 快速選取工具組
裁切工具組 —— 滴管工具組
汙點修復筆刷工具組 —— 筆刷工具組
仿製印章工具組 —— 步驟記錄筆刷工具組
橡皮擦工具組 —— 漸層工具組
模糊工具組 —— 加亮工具組
筆形工具組 —— 文字工具組
路徑選取工具組 —— 形狀工具組
手形工具組 —— 縮放工具組
前景色 —— 背景色
快速遮色片 —— 切換視窗

○ 圖 1-18 Photoshop CS6 工具箱中的各工具

○ 圖 1-19 收合面板

TIPS

按下 Shift+Tab 快捷鍵，可以在保留顯示工具箱中，同時顯示或隱藏所有面板，如圖 1-20 所示。

⊕ 圖 1-20 按下 Shift+Tab 快捷鍵後的介面

6 · 影像版面

影像版面是用來對影像進行檢視的平台。

▶ 1.5.2 顯示 / 隱藏所有面板

啟動 Photoshop CS6，開啟影像，按 Tab 鍵，即可隱藏所有面板，如圖 1-21 所示。再按 Tab 鍵，即可恢復到隱藏面板之前的狀態，如圖 1-22 所示。

⚡ 圖 1-21 隱藏所有面板

⚡ 圖 1-22 顯示所有面板

Photoshop CS6 新增和修改的功能

Photoshop CS6 採用了全新的技術，在印刷設計、動畫、3D 方面進行了升級，主介面對應調整，內容感知技術持續延展，攝影的選取範圍增強，濾鏡功能強化，使操作更方便和更快捷。

1·主介面

Photoshop CS6 可以自行選擇介面的顏色主題，暗灰色的主題使介面更顯專業。執行選單**編輯**→**偏好設定**→**介面**，出現可選顏色方案，如圖 1-23 所示。

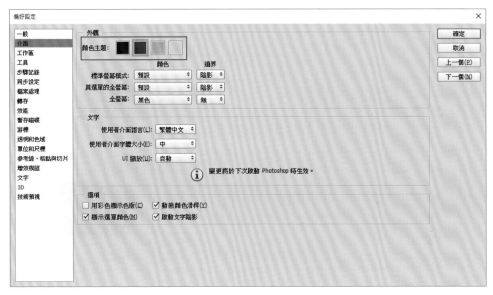

♠ 圖 1-23 可選擇的顏色主題

2·上下文提示

在繪製或調整選取範圍或路徑等向量對象，以及調整畫筆的大小、硬度、不透明度時，將顯示相對應的提示訊息，如圖 1-24 所示。

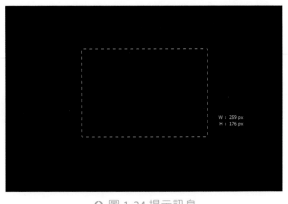

♠ 圖 1-24 提示訊息

3 · 文字陰影

如圖 1-25 所示，文字陰影只對選項列中的文字以及尺標上的數字有效，而且只有在亮灰色的顏色主題時才會比較明顯。注意，所加的文字陰影並不是黑色的，而是白色的，相當於黑色的文字加上了一個白色的陰影。

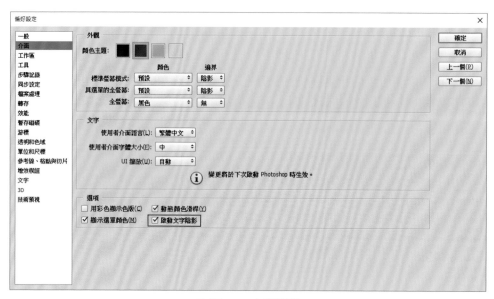

⋔ 圖 1-25 文字陰影

4 · 主介面更顯整潔

主介面移除了舊版中主選單右側的一堆工具，舊版的視窗佈局選擇控制非常合理的移到了**視窗→排列**指令中，螢幕模式選擇控制又回到了它誕生的地方－工具箱；工作區選擇控制移到了選項列的最右側；其餘控制一併予以刪除，如圖 1-26、圖 1-27 所示。

⋔ 圖 1-26 Photoshop CS5 視窗排列

⋔ 圖 1-27 Photoshop CS6 視窗排列

5 · 新增文字選單

原**分析**選單降級為**影像**選單中的一個指令，取而代之的是**文字**選單，可見此次升級對印刷設計相對重視，如圖 1-28 所示。

❶ 圖 1-28 選單指令調整

6 · 圖層樣式的改進

圖層樣式的概念具有了普通圖層的意義。之前版本中圖層樣式只能設定混合模式和不透明度，在新版本的圖層樣式可以像普通圖層一樣設定樣式、填滿不透明度、混合顏色以及其他進階混合選項。圖 1-29 開啟混合選項，圖 1-30 為新版本的圖層樣式。

❶　　圖 1-29 開啟混合選項

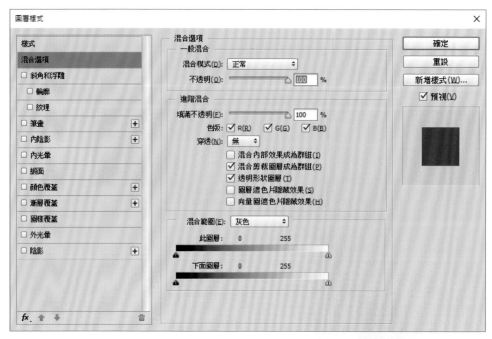

7 · 圖層效果的排列順序發生了變化

圖層樣式面板中效果的排列順序與圖層中實際的排列順序完全一樣,如圖 1-31 所示。

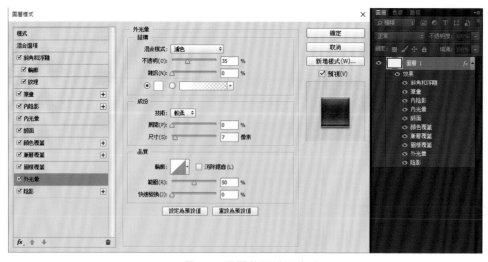

8 · 圖層中新增了尋找圖層指令

選擇選單中增加了**尋找圖層**的指令，如圖 1-32 所示，本質上就是根據圖層的名稱來篩選圖層。

9 · 圖層面板中圖層縮圖有了較大改變

圖層縮圖變化較大，如圖 1-33 所示。

● 圖 1-32 新增了圖層濾鏡

● 圖 1-33 圖層縮圖的變化

10 · 內容感知

Photoshop CS6 中增加了兩個基於內容感知的應用：修補工具中增加了**內容感知**的修補模式；工具箱中新增了**內容感知移動工具**，如圖 1-34、圖 1-35 所示。

● 圖 1-34 增加了內容感知的修補模式

內容感知移動工具相當於內容感知修補與內容感知填滿的合體，在原位置進行內容感知填滿，在目的位置進行內容感知修補。

⋂ 圖 1-35 新增內容感知移動工具

11 · 裁切工具變為裁切工具和透視裁切工具

裁切工具的升級終於解決了該工具一直存在的一個重大問題，如圖 1-36 所示。

⋂ 圖 1-36 裁切工具列透視裁切工具

當繪製出剪裁範圍之後，選項列的內容發生了改變，如圖 1-37 所示，針對剪裁區域的處理方式，可以對裁切參考線的類型及螢幕裁切區域的顏色進行設定。而其**透視**選項對於影像後製的構圖調整來講是非常重要的。

⋂ 圖 1-37 裁切範圍

12 · 影像的選取增強

Photoshop CS6 對影像方面的支援主要表現在影像細節的處理上，魔術棒工具增加了**樣本尺寸**選項，使樣本值更為合理，如圖 1-38 所示。

⋒ 圖 1-38 樣本尺寸

顏色範圍中增加了**皮膚色調**的選擇，同時搭配**偵測臉孔**選項，自動偵測臉部區域，以獲得更精準的皮膚範圍，如圖 1-39 所示。

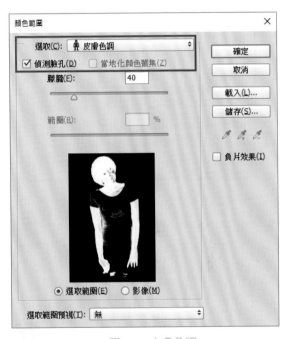

⋒ 圖 1-39 皮膚色調

13 · 濾鏡功能

Photoshop CS6 在濾鏡方面也做了重要改進，增加了**最適化廣角**、**液化（Oil Paint）**濾鏡和 3 個**模糊**濾鏡－**景色模糊**、**光圈模糊**、**傾斜位移模糊**，如圖 1-40 所示。

改進的濾鏡包括液化濾鏡、鏡頭校正濾鏡、光源效果濾鏡。液化濾鏡刪除了鏡射工具、湍流化工具和重建工具，同時增加了進階模式選項，即將液化分解為精簡和進階兩種模式，如圖 1-41 所示。

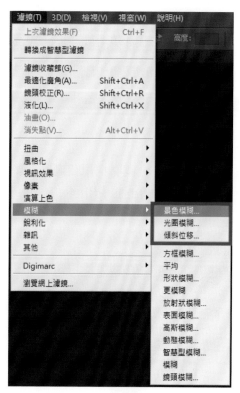

● 圖 1-40 景色模糊、光圈模糊、傾斜位移模糊

● 圖 1-41 液化濾鏡

光源效果被改為全新的**光源效果**濾鏡，採用 Adobe Mercury 圖形引擎進行運算，因此對 GPU 的要求很高。其介面表現為工作區的形式，如圖 1-42 所示。

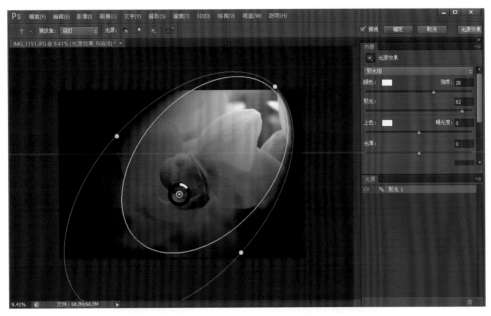

🎧 圖 1-42 光源效果濾鏡

1.7 Photoshop CC 新增的實用功能

1 · 工作區域

建立工作區域檔案，**檔案→開新檔案**，並在文件類型選取**工作區域**，如圖 1-43。

🎧 圖 1-43 文件類型

工作區域大小預設集，包含了 iOS、Android、Web 等超過 35 種的工作區域大
小，如圖 1-44。

● 圖 1-44 工作區域大小

開啟工作區域檔案之後，圖層顯示的方式以工作區域為主，每個工作區域包含
了屬於該範圍內的圖層，如圖 1-45。

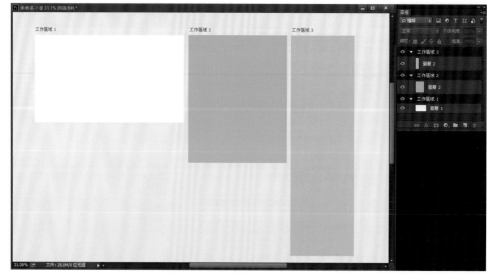

● 圖 1-45 圖層顯示方式

點選圖層面板中的"工作區域 1"，即可對工作區域進行尺寸的編輯，如圖 1-46 所示。

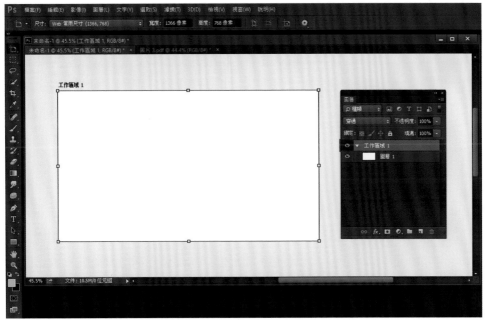

工作區域可以讓你在畫布上配置不同的尺寸來設計，如網頁設計人員，可以在畫布上直接配置不同裝置和螢幕的尺寸來設計，以簡化設計的工作，而建立工作區域可以使用預設的尺寸也可以自行定義尺寸。

另外在此版本中，可以直接針對圖層面板中的圖層或工作區域直接進行檔案轉存。對要轉存的圖層或工作區域按滑鼠右鍵→**轉存為**，如圖 1-47 即可。

⋒ 圖 1-47 將圖層轉存

Photoshop 基本知識

1

1-25

接著會出現圖 1-48，可設定要轉存的格式，及影像尺寸、版面尺寸等相關設定。

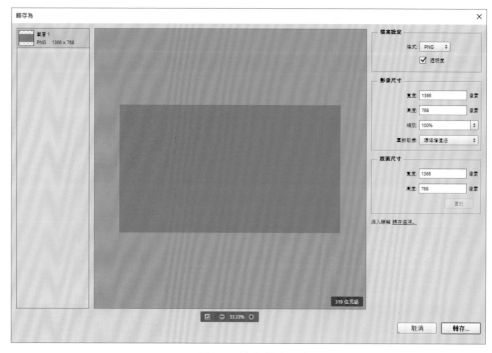

◑ 圖 1-48 轉存格式設定

2．字符面板

能讓使用者更有效率的使用字符。點選**視窗**→**字符**即可開啟字符面板，如圖
1-49 所示。

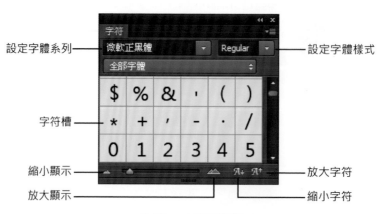

◑ 圖 1-49 字元面板

⊃ **HDR 相片合併**：Adobe Camera Raw 在此版本新增了可以直接將多張不同曝
光的影像合併為一個 HDR 影像，並可自動對齊影像及色調，且可調整去殘
影量。先挑選出兩張不同曝光度的相同影像，如圖 1-50，再將兩張不同曝
光度的相同影像一起框選起來，按右鍵合併為 HDR，如圖 1-51 所示。出現
HDR 合併預視，可勾選要設定的選項，如圖 1-52 所示。

⋒ 圖 1-50 兩張不同曝光度的相同影像

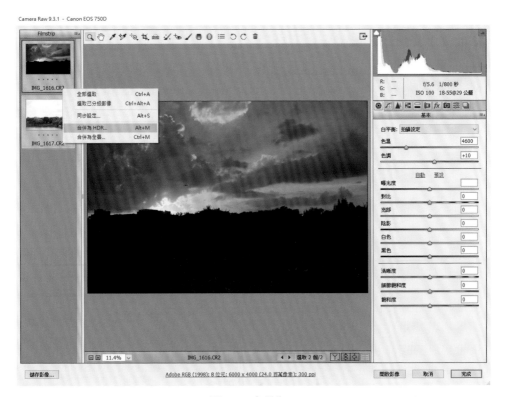

⋒ 圖 1-51 合併為 HDR

🎧 圖 1-52 HDR 合併預視

按下合併後，選擇儲存位置，儲存完後即可顯示合併後的結果。如圖 1-53。

🎧 圖 1-53 HDR 合併後結果

● **去朦朧**：是這個版本中最有特色的一個功能，此功能可以快速直覺地減少或增加影像中的朦朧效果，也可以說是除霧功能，如圖 1-54、圖 1-55 所示。

🎧 圖 1-54 編輯前

🎧 圖 1-55 編輯後

Note

CHAPTER 2

影像處理
常用工具

內容導覽

在使用 Photoshop 進行影像處理時，
工具箱中一些常用的工具是進行影像
設計必不可少的設計助手，熟悉常用
工具的應用有助於更好的影像後製和
設計。

學習要點

◇ 選取工具的應用

◇ 繪圖工具與填滿工具的應用

◇ 修飾工具的應用

◇ 顯示工具的應用

◇ 路徑工具的應用

◇ 文字工具應用

2.1 選取工具

▶ 2.1.1 選取畫面工具

選取畫面工具包括**矩形選取畫面工具、橢圓選取畫面工具、水平單線選取畫面工具、垂直單線選取畫面工具**，如圖 2-1 所示。

🎧 圖 2-1 選取畫面工具組

1．矩形選取畫面工具

使用矩形選取畫面工具可以在影像中建立形狀為矩形的選取範圍。點擊工具箱中的矩形選取畫面工具按鈕 ▣，在影像視窗點擊並拖動滑鼠即可建立矩形選取範圍，其屬性欄如圖 2-2 所示。

🎧 圖 2-2 矩形選取畫面工具屬性欄

- ➲ ▣ 按鈕：可建立一個新的選取範圍。
- ➲ ▣ 按鈕：可在影像的原有選取範圍上增加新的選取範圍。
- ➲ ▣ 按鈕：可在影像的原有選取範圍上減去新的選取範圍。
- ➲ ▣ 按鈕：可建立原有選取範圍和新選取範圍的相交部分。
- ➲ 羽化：0像素 ：可柔化選取範圍的邊緣，產生漸層消失的效果，數值越大，羽化效果越明顯，如圖 2-3 所示。

Photoshop 平面設計實戰－空間與建築合成精粹

羽化值為 0   羽化值為 30   羽化值為 80

⋔ 圖 2-3 羽化效果

➲ ☑消除鋸齒：可以去除選取範圍的鋸齒邊緣，使選取範圍的邊緣更為平滑，該選項在使用矩形選取畫面工具時為灰色的狀態，表示不可用。

➲ 樣式：正常：其下拉式選單內有 3 種樣式（如圖 2-4 所示），選擇**正常**，在影像中點擊並拖曳滑鼠，可建立任意寬度和高度的選取範圍；選擇**固定比例**，輸入寬度和高度值，點擊並拖曳滑鼠，可建立固定寬度和高度的選取範圍；選擇**固定尺寸**，輸入寬度和高度值，直接點擊即可建立固定大小精準的選取範圍。

⋔ 圖 2-4 樣式清單

2‧橢圓選取畫面工具

使用橢圓選取畫面工具，可在影像中建立形狀為橢圓的選取範圍。點擊工具箱中的橢圓選取畫面工具按鈕 ◎ ，在影像中點擊並拖曳滑鼠即可建立橢圓選取範圍，其屬性欄如圖 2-5 所示。

⋔ 圖 2-5 橢圓選取畫面工具屬性列

橢圓選取畫面工具屬性欄的各選項與矩形選取畫面工具的大致相同。橢圓選取畫面的寬度和高度分別為橢圓的長軸和短軸，效果如圖 2-6 所示。

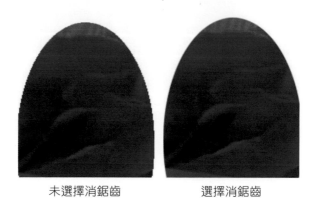

未選擇消鋸齒　　　　　　選擇消鋸齒

⋂ 圖 2-6 消除鋸齒

 TIPS

1. 在使用選取工具的同時按住 Shift 鍵，可以建立正方形或正圓形選取範圍。

2. 在使用選取工具的同時按住 Alt 鍵，可以建立由中心向四周往外的矩形或橢圓形選取範圍。

3. 使用選取工具，並同時按住 Shift 鍵和 Alt 鍵，可以建立由中心向四周往外的正方形或正圓形選取範圍。

3・水平單線選取畫面工具和垂直單線選取畫面工具

使用水平、垂直選取畫面工具可以在影像中建立一個像素寬的水平線或垂直線的選取範圍。點擊工具箱中的**水平 / 垂直單線選取畫面工具**按鈕 、 ，在視窗中直接點擊滑鼠，即可建立水平或垂直的選取範圍，其屬性欄如圖 2-7 所示。

⋂ 圖 2-7 水平、垂直選取畫面工具屬性列

▶ 2.1.2 建立不規則選取範圍

使用不規則選取畫面工具可以在影像中建立任意曲線或多邊形的選取範圍，包括**套索工具、多邊形套索工具**和**磁性套索工具** 3 種，如圖 2-8 所示。

♠ 圖 2-8 不規則選取工具組

1 · 套索工具

使用套索工具  可以在影像中建立任意形狀的選取範圍，其屬性欄如圖 2-9 所示。

♠ 圖 2-9 套索工具屬性欄

套索工具屬性欄的各選項與矩形選取畫面工具基本上相同。

點擊套索工具，在影像中點擊滑鼠左鍵並拖曳滑鼠，可建立任意形狀的選取範圍，如圖 2-10 所示。

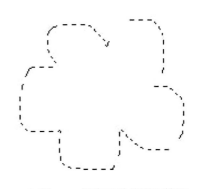

♠ 圖 2-10 任意形狀的選取範圍

 TIPS

1. 使用套索工具時，按住 Alt 鍵，可以建立直線選取範圍。

2. 使用套索工具時，按住 Delete 鍵，可以刪除剛剛建立的線段。

2 · 多邊形套索工具

使用多邊形套索工具 ，可以建立多邊形選取範圍，其屬性欄如圖 2-11 所示。

♠ 圖 2-11 多邊形套索工具屬性欄

選擇多邊形套索工具，在影像中
點擊滑鼠來設定起點，再次點擊
滑鼠即可建立一條直線段，繼續
點擊滑鼠即可建立封閉選取範
圍，如圖 2-12 所示，也可以點
擊滑鼠左鍵兩次，系統會將起點
與終點自動形成封閉範圍。

∩ 圖 2-12 直線選取範圍

3 · 磁性套索工具

使用磁性套索工具可以透過顏色進行選取，因為它可以自動根據顏色的反差來
確定選取的邊緣，使選取範圍緊貼影像中已定義區域的邊緣。磁性套索工具特
別適合用於快速選取與背景有強烈對比的影像。選擇工具箱中的磁性套索工
具 ，其屬性欄如圖 2-13 所示。

∩ 圖 2-13 磁性套所工具屬性欄

- 寬度: 10 像素：設定磁性套索工具在進行選取時能夠檢測到邊緣寬度，其數值範圍
  為 0~256 像素。數值越小，所檢測的範圍越小，選取就越精準，但會因滑鼠
  較難控制，稍有不慎就會移出影像邊緣。

- 對比: 50%：設定磁性套索工具在選取時的靈敏度，其數值範圍為 1%~100%。
  數值越大，選取的範圍越精準。

- 頻率: 57：設定選取時的節點數（以小方框顯示），其數值範圍為 0~100。數值
  越大，標記的節點越多，選擇就越精細。

- ：可以使用頻率來控制檢測的範圍，只有在配置繪圖板時才有效。

選擇磁性套索工具，在影像中點擊滑鼠左鍵來設定第一個節點，然後放開滑鼠
左鍵，將游標沿著要選取的範圍移動，此時游標會緊貼著影像中顏色對比度最
大的地方建立選取範圍。當游標移至起點位置時，游標右下角會有一個小圓
圈，點擊滑鼠右鍵即可封閉選取範圍，如圖 2-14 所示。

游標移動過程中，如果因為顏色對比度不大，沒有緊貼著想要的範圍選取，可以點擊滑鼠右鍵，手動增加節點。

 TIPS

在建立選取範圍過程中，按 Delete 鍵，可以刪除繪製的最後一節線段和節點。

⋒ 圖 2-14 磁性套索工具選取範圍

▶ 2.1.3 魔術棒

使用魔術棒 可以根據設定的容許度來選擇色彩一致的選取範圍，其屬性欄如圖 2-15 所示。

| 样本尺寸: 點狀樣本 | 容許度: 32 | ✓ 消除鋸齒 | ✓ 連續的 | 取樣全部圖層 |

⋒ 圖 2-15 魔術棒工具屬性欄

◯ 容許度: 32 ：設定選取的顏色範圍，其數值範圍為 0~255。數值越大，顏色選取範圍越廣。

◯ ✓ 連續的 ：勾選時只選擇與點擊位置相鄰且顏色相近的區域；不勾選則選取影像中所有相近的區域，而不管這些區域是否相連，如圖 2-16 所示。

選擇連續的   未選擇連續的

⋒ 圖 2-16 "連續的" 屬性

◯ 取樣全部圖層 ：勾選時，對所有圖層皆起作用；不勾選則只對目前圖層起作用。

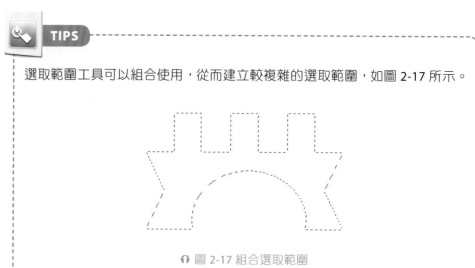

選取範圍工具可以組合使用，從而建立較複雜的選取範圍，如圖 2-17 所示。

🎧 圖 2-17 組合選取範圍

▶ 2.1.4 調整、編輯選取範圍

調整、編輯選取範圍的指令多在選取選單，如圖 2-18 所示。

🎧 圖 2-18 選取選單

Photoshop 平面設計實戰－空間與建築合成精粹

1 · 移動選取範圍

建立選取範圍後，將游標移動到選取範圍內，點擊滑鼠左鍵並拖曳滑鼠，可以移動選取範圍，如圖 2-19 所示。選取範圍的移動可以在同一個影像視窗或不同影像視窗中實現。

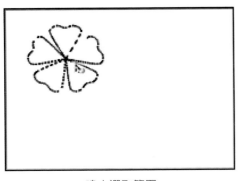 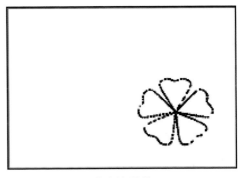

建立選取範圍　　　　　　　　　　　　建立後移動

⋒ 圖 2-19 移動邊緣

 TIPS

1. 鍵盤上的↑、↓、←、→，每按一次，可以將選取範圍移動一個像素的距離。

2. 按住 Shift 鍵，使用鍵盤上的↑、↓、←、→鍵，每按一次，可以將選取範圍移動 10 像素的距離。

2 · 全選選取範圍和取消選取範圍

選擇**選取**→**全選**指令，可以將影像的全部作為選取範圍，如圖 2-20 所示。

選擇**選取**→**取消**指令，可以取消目前選取範圍。

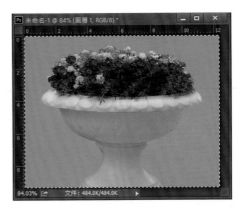

⋒ 圖 2-20 全選選取

3‧反轉選取範圍

反轉指令可以將選取範圍和非選取範圍進行相互轉換,如圖 2-21 所示,通常用於所選擇內容複雜而背景簡單的影像的選取。

 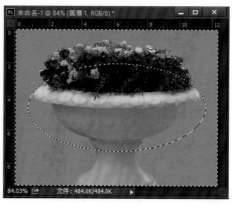

原選區　　　　　　　　　　　　　反選後選區

🔊 圖 2-21 反轉選取範圍

4‧羽化

羽化指令可以使選取範圍的邊緣產生模糊效果。選擇**選取**→**羽化**指令,跳出如圖 2-22 所示的對話視窗,從中可以輸入羽化強度數值。

🔊 圖 2-22 羽化選取範圍對話視窗

TIPS

羽化選取指令在建立選取範圍後設定羽化值,建立選取範圍工具屬性欄的羽化數值必須在選取範圍建立前設定。

5‧修改選取範圍

修改選取範圍主要用來修改選取範圍的邊緣。

➲ 邊界

邊界指令可以擴充原本的選取範圍，即給原本的選取範圍加框。

在影像視窗建立選取範圍，如圖 2-23 所示，選擇**選取**→**修改**→**邊界**指令，在跳出的 "邊界選取範圍" 對話視窗中輸入寬度的數值，點擊 "確定"，則邊界效果如圖 2-24 所示。

⋒ 圖 2-23 原先選取範圍

⋒ 圖 2-24 邊界選取效果

➲ 平滑

平滑指令可以透過增加或減少邊緣像素，使選取範圍的邊緣達到平滑的效果。

在影像視窗建立選取範圍（見圖 2-23），選擇**選取**→**修改**→**平滑**指令，在跳出的 "平滑選取範圍" 對話視窗中輸入取樣強度，點擊 "確定"，平滑效果如圖 2-25 所示。

⋒ 圖 2-25 平滑選取效果

◆ 擴張

擴張指令可以將選取範圍所設定的像素大小向外擴大。

在影像視窗建立選取範圍（見圖2-23），選擇**選取**→**修改**→**擴張**指令，在跳出的"擴張選取範圍"對話視窗中輸入擴張的數值，點擊"確定"，擴張效果如圖2-26所示。

⋒ 圖 2-26 擴張選取效果

◆ 縮減

縮減指令可以將選取範圍所設定的像素大小向內縮減。

在影像視窗建立選取範圍（見圖2-23），選擇**選取**→**修改**→**縮減**指令，在跳出的"縮減選取範圍"對話視窗中輸入縮減的數值，點擊"確定"，縮減效果如圖2-27所示。

⋒ 圖 2-27 縮減選取效果

6・連續相近色

連續相近色指令可以將影像中與選取範圍色彩相近並相鄰的連續範圍增加到原本的選取範圍中。在影像視窗建立選取範圍，選擇**選取**→**擴大選取範圍**指令，效果如圖2-28所示。

原選取範圍

連續相近色後的選取範圍

⋒ 圖 2-28 連續相近色效果

7 · 相近色

相近色指令可以將影像中與選取範圍色彩相近但不連續的範圍增加到原本的選取範圍中。在影像視窗建立選取範圍，選擇**選取**→**相近色**指令，效果如圖 2-29 所示。

原選取範圍

使用相近色後的選取範圍

⌒ 圖 2-29 相近色

8 · 變形選取範圍

變形選取範圍指令可以對影像中的選取範圍做形狀變化，如旋轉、縮減、放大選取範圍等。

建立選取範圍，選擇**選取**→**變形選取範圍**指令，選取範圍的邊框會有 8 個小方塊，點擊小方塊並移動，可以縮小或放大選取範圍；當游標在選取範圍外靠近頂角小方塊時，可以旋轉選取範圍；當游標在選取範圍中時，可以移動選取範圍。旋轉效果圖如 2-30 所示。

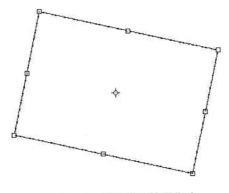

⌒ 圖 2-30 變形選取範圍指令

9 · 儲存選取範圍和載入選取範圍

儲存選取範圍指令可以將目前選取範圍儲存在色版中,當要再次使用該選取範圍時,將選取範圍載入。

在影像視窗建立選取範圍,選擇**選取→儲存選取範圍**指令,跳出"儲存選取範圍"對話視窗,如圖 2-31 所示,輸入該選取範圍的名稱等,點擊"確定"儲存。

⌒ 圖 2-31 儲存選取範圍

要使用所儲存的選區時,選擇**選取→載入選取範圍**指令,跳出"載入選取範圍"對話視窗,如圖 2-32 所示,在色版中選擇該選取範圍的名稱,確認後,影像視窗即顯示該選取範圍。

⌒ 圖 2-32 載入選取範圍設定

▶ 2.2.1 設定顏色

在 Photoshop 中，前景色用來繪圖、填滿和筆畫選取範圍，背景色進行漸層填滿和填滿影像中被擦除的區域，檢色器、滴管工具、顏色面板和色版面板等可以設定前景色和背景色的顏色。

前景色 / 背景色顯示框在工具箱中（如圖 2-33 所示），系統預設前景色為黑色，背景色為白色。如果查看的是 Alpha 色版，則預設顏色相反。

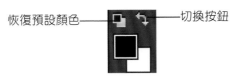

恢復預設顏色 —— 切換按鈕

 ⋒ 圖 2-33 前景色 / 背景色顯示框

在工具箱中點擊**切換顏色**按鈕 ，可以切換前景色和背景色；點擊**預設顏色**按鈕 ，可以返回預設的前景色和背景色。

1 · 檢色器

點擊前 / 背景色色塊，即可打開檢色器，如圖 2-34 所示。透過取樣點，從彩色域中選取顏色，或用數值定義顏色，可以設定前景色和背景色。顏色條右邊的顏色矩形中，上半部分顯示目前選取的顏色，下半部分顯示上一次選取的顏色。

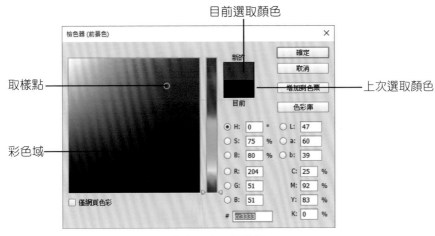

 ⋒ 圖 2-34 檢色器

2・滴管工具

滴管工具 ✏ 可以從影像中取樣顏色，並可以設
定為新的前景色或背景色。其屬性欄如圖 2-35
所示。

◐ 圖 2-35 滴管工具屬性欄

選擇滴管工具，再選擇樣本尺寸選項中的點狀樣本，再到影像中想要的顏色上
點擊，即可將該顏色設定為新的前景色；如果在點擊顏色的時候同時按住 Alt
鍵，則可以將選擇的顏色設定為新的背景色。如果選擇 3×3 平均像素或 5×5
平均像素，則讀取的顏色為點擊區域內指定像素的平均值。

3・顏色面板

選擇**視窗**→**顏色面板**指令，可打開顏色面板，
如圖 2-36 所示。

顏色面板左上角有前 / 背景色顯示框，可以點
擊面板的前 / 背景色塊設定顏色，也可以選擇
不同的顏色模式，使用面板中的顏色滑桿來設
定前 / 背景色，如圖 2-37 所示。

◐ 圖 2-36 顏色面板

◐ 圖 2-37 顏色面板

4 · 色票面板

選擇**視窗**→**色票面板**指令，可打開色票面板，如圖 2-38 所示。

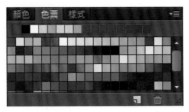

∩ 圖 2-38 色票面板

色票面板不僅可以設定前 / 背景色，還可以定義自定色票集。

點擊色票中的某一顏色，即可將其設定為新的前景色；點擊時按住 Alt 鍵，則可以將其顏色設定為新的背景色。

點擊色票面板中的新增按鈕 ，可以將目前前景色增加到色票面板中；點擊色票面板中的某一顏色，再點擊刪除按鈕 ，可將該顏色刪除。

▶ 2.2.2 繪圖工具組

繪圖工具組包括筆刷工具和鉛筆工具，是用來繪製圖形的，它們的使用方法大致相同。

1 · 筆刷工具

筆刷工具 可以繪製柔軟而有明顯粗細變化的圖形，其屬性欄如圖 2-39 所示。

∩ 圖 2-39 筆刷工具屬性欄

影像處理常用工具

2

⇨ ：點擊三角形按鈕，可顯示筆刷樣式清單，如圖 2-40 所示，從中可調整筆刷大小、選擇筆刷形狀，還可以追加更多的筆刷形狀。

⬆ 圖 2-40 筆刷樣式清單

⇨ ：點擊三角形按鈕，可顯示筆刷模式清單，如圖 2-41 所示，可選擇筆刷顏色與原影像的色彩混合模式。

⬆ 圖 2-41 筆刷模式清單

◯ 不透明: 100% ▼ ：設定筆刷色彩的不透明度，不同效果如圖 2-42 所示。

◯ 圖 2-42 設定不同的不透明度

◯ 流量: 100% ▼ ：設定目前筆刷顏色的濃度，不同效果如圖 2-43 所示。

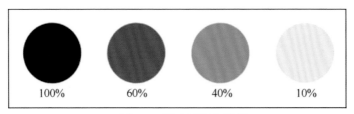

◯ 圖 2-43 設定不同的濃度

◯ α ：可將筆刷作為噴槍使用，能繪製出邊緣更柔和的圖形。

◯ 筆刷預設集 ：可顯示筆刷面板，如圖 2-44 所示，透過設定筆刷的屬性可繪製出更多效果的圖形。

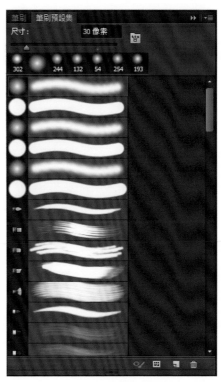

◯ 圖 2-44 筆刷面板

- **筆尖形狀**：可以選擇筆刷筆尖的形狀，設定筆尖大小、角度、硬度、間距等屬性，如圖 2-45 所示。繪製效果如圖 2-46 所示。

  - ↗ 直徑：設定筆刷筆尖的大小，數值範圍為 1 ～ 2500。

  - ↗ 角度：設定筆刷繪製時的角度，數值範圍為 -180°～ 180°。

  - ↗ 硬度：設定筆刷邊界的柔和程度，數值範圍為 0%～ 100%。

  - ↗ 間距：設定兩個繪製點之間的距離，數值範圍為 1%～ 1000%。

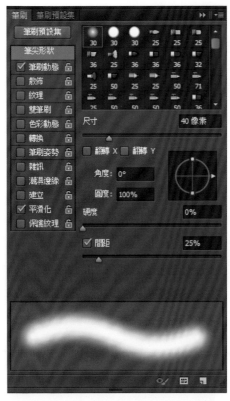

↑ 圖 2-45 筆刷筆尖形狀

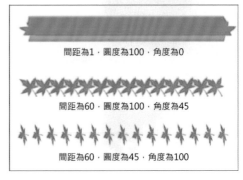

↑ 圖 2-46 設定不同的筆尖屬性

➲ ☑筆刷動態🔒：可以設定筆刷繪製時的動態特徵，如圖 2-47 所示，繪製效果如
圖 2-48 所示。

　🡔 大小轉換：設定筆刷繪製時筆尖大小隨機轉換的效果，數值範圍為 0%～
　　100%，輸入值越大，轉換越明顯。

　🡔 角度轉換：設定筆刷繪製時筆尖角度隨機轉換的效果，數值範圍為 0%～
　　100%，輸入值越大，轉換越明顯。

　🡔 圓度轉換：設定筆刷繪製時筆尖圓度隨機轉換的效果，數值範圍為 0%～
　　100%，輸入值越大，轉換越明顯。

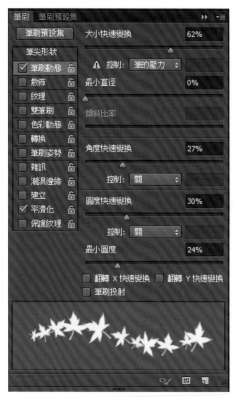

⊙ 圖 2-47 動態形狀

⊙ 圖 2-48 設定不同動態形狀屬性效果

⮱ **散佈** 🔒：可以設定筆刷繪製時筆尖隨機散佈的效果，如圖 2-49 所示，繪製效果如圖 2-50 所示。

　↗ 散佈：設定筆刷繪製時筆尖隨機散佈的程度。

　↗ 數量：設定筆刷繪製時筆尖隨機散佈的點數。

　↗ 數量轉換：設定筆刷繪製時筆尖隨機散佈的轉換數量。

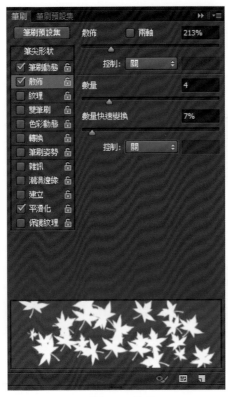

↷ 圖 2-49 散佈

↷ 圖 2-50 設定散步屬性效果

○ █ 紋理 █ ：可以使筆刷繪製出具有紋理效果的圖案，如圖 2-51 所示，繪製
效果如圖 2-52 所示。

 ↗ ▦ ：其下拉式功能表中可以選擇繪製的紋理圖案。

 ↗ 縮放：設定紋理圖案的縮放比例。

 ↗ 模式：設定筆刷和紋理之間的混合模式。

 ↗ 深度：設定紋理顯示的明暗程度。

○ 圖 2-51 紋理

○ 圖 2-52 設定紋理效果

➲ ：可以設定筆刷顏色的顯示效果，如圖 2-53 所示，繪製效果如圖 2-54 所示。

　➚ 前景 / 背景轉換：設定筆刷在繪製時顏色的轉換範圍。

　➚ 色相轉換：設定筆刷在繪製時顏色的色相轉換。

　➚ 飽和度轉換：設定筆刷在繪製時顏色的飽和度轉換。

　➚ 亮度轉換：設定筆刷在繪製時圖案的亮度轉換。

　➚ 純度：設定筆刷在繪製時顏色的純度轉換。

❶ 圖 2-53 色彩動態

❶ 圖 2-54 設定色彩動態效果

- **■ 雜訊 🔒**：選擇該選項，可以使繪製的圖案產生雜訊效果。

- **■ 潮濕邊緣 🔒**：選擇該選項，可以使繪製的圖案產生浮水印效果。

- **■ 建立 🔒**：選擇該選項，可以類比傳統的噴槍效果。

- **■ 平滑化 🔒**：選擇該選項，可以使繪製的線條產生更順暢的曲線。

- **■ 保護紋理 🔒**：對所有的筆刷使用相同的紋理圖案和縮放比例。若勾選此選項，使用多個筆刷時，可模擬一致的畫布紋理效果。

2 · 鉛筆工具

鉛筆工具 ✏ 可以繪製硬邊的圖形，其屬性欄如圖 2-55 所示。

◯ 圖 2-55 鉛筆工具屬性欄

鉛筆工具屬性欄的各選項與筆刷工具的大致相同。其中，自動擦除有擦除的功能，當選擇鉛筆工具並使用其繪製起點像素顏色與前景色相同時，繪製圖案將顯示背景色，與前景色不同時，則顯示前景色。

3 · 顏色取代工具

顏色取代工具 🖌 可以快速地將影像局部的顏色替換為另一種顏色，其屬性欄如圖 2-56 所示。

◯ 圖 2-56 顏色取代工具屬性欄

4 · 自訂筆刷

筆刷樣式清單中所列的筆尖形狀是常用的形狀，除了使用這些筆刷筆尖形狀外，還可以使用定義筆刷預設集將指定圖形定義成筆刷筆尖形狀，具體操作如下。

- 打開一張圖，用矩形選框工具選定要定義的圖形，如圖 2-57 所示。

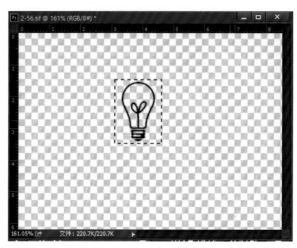

- 選擇**編輯→定義筆刷預設集**指令，跳出"筆刷名稱"對話視窗，如圖 2-58 所示，輸入筆刷名稱，點擊"確認"，筆刷定義完成。打開筆刷面板，面板中將顯示所定義筆刷，如圖 2-59 所示。

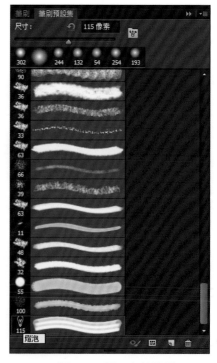

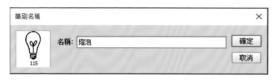

↻ 圖 2-58 筆刷名稱設定　　　　　　　　↻ 圖 2-59 顯示定義筆刷

○ 在筆刷面板中設定筆刷大小、間距等屬性，用新定義的筆刷繪製，效果如圖
2-60 所示。

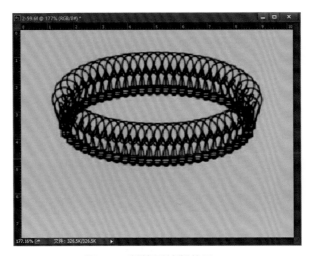

○ 圖 2-60 新筆刷繪製效果

▶ 2.2.3 橡皮擦工具

橡皮擦工具組包括橡皮擦工具、背景橡皮擦工具和魔術橡皮擦工具 3 種，如圖
2-61 所示。

○ 圖 2-61 橡皮擦工具組

1 · 橡皮擦工具

橡皮擦工具 可以擦除影像內容，其屬性欄如圖 2-62 所示。選擇 自步驟記錄中擦除
核取方塊，可以將擦除區域恢復到未擦除前的狀態。

○ 圖 2-62 橡皮擦工具屬性欄

如果目前圖層為背景圖層，擦除後的區域將以背景色填滿，效果如圖 2-63 所示；如果目前圖層為非背景圖層，擦除後的區域則為透明，效果如圖 2-64 所示。

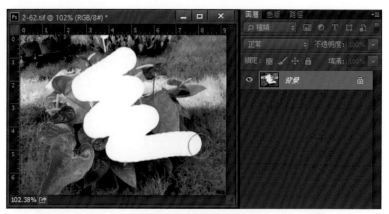

◑ 圖 2-63 擦除背景圖層

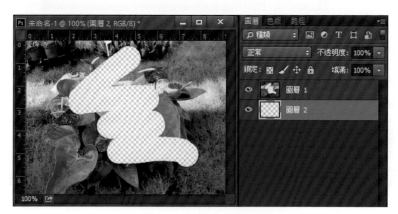

◑ 圖 2-64 擦除非背景圖層

2・背景橡皮擦工具

背景橡皮擦工具 ▨ 可以擦除筆刷範圍內與點擊點顏色相近的區域，被擦除區域為透明。其屬性欄如圖 2-65 所示。

◑ 圖 2-65 背景橡皮擦工具屬性欄

勾選保護前景色核取方塊，則擦除時影像中與前景色相近的區域會受保護，不會被擦除。筆刷筆尖大小可以限制擦除的範圍，如圖 2-66 所示。

取樣點
筆刷大小

🎧 圖 2-66 使用背景橡皮擦

3 · 魔術橡皮擦工具

魔術橡皮擦工具  可以一次性擦除與點擊點顏色相近的區域，擦除後區域為透明。其屬性欄如圖 2-67 所示。

🎧 圖 2-67 魔術橡皮擦工具屬性欄

選擇魔術橡皮擦工具，點擊要擦除的背景，可以快速將圖案從背景中選取出來，如圖 2-68 所示。

🎧 圖 2-68 使用魔術橡皮擦

▶ 2.2.4 填滿工具

1 · 漸層工具

漸層工具  可以替影像填滿多種顏色之間的逐漸混合效果,應用廣泛,常用來製作背景和立體物體等效果。其屬性欄如圖 2-69 所示。

⋔ 圖 2-69 漸層工具屬性欄

⮑ ⬛⬛⬛ :點擊三角形按鈕,會跳出漸層效果列表,可在列表中選擇漸層效果,如圖 2-70 所示。如果需要更多的漸層效果,可點擊清單右側的三角形按鈕,在清單中選擇需要增加的效果。

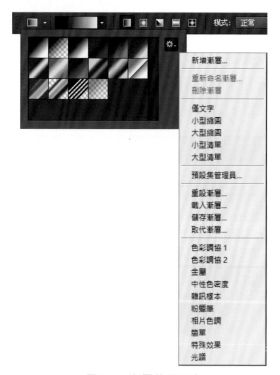

⋔ 圖 2-70 漸層效果列表

⮑ ⬛⬛◣◰⬕ :可以選擇漸層的類型,包括線性漸層、放射狀漸層、角度漸層、反射性漸層和菱形漸層,漸層填滿效果如圖 2-71 所示,圖中箭頭表示拖曳滑鼠的位置和方向。

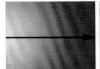

線性漸層　　　放射狀漸層　　　角度漸層　　　對稱漸層　　　菱形漸層

◑ 圖 2-71 漸層效果

- ➲ ▦ 反向：選擇該選項，所得的漸層效果與所設定的漸層顏色相反。

- ➲ ☑ 混色：選擇該選項，可以使漸層效果過渡得更平滑。

- ➲ ☑ 透明：選擇該選項，可啟用編輯漸層時設定的透明效果，填滿漸層時得到透明效果。

點擊屬性欄中的 ▬▬▬▬▮，跳出 "漸層編輯器" 對話視窗，使用者可以自己編輯漸層效果，如圖 2-72 所示。

◑ 圖 2-72 漸層編輯器

➚ 預設：顯示系統提供的漸層效果。

➚ 漸層類型：包括純色和雜訊兩種。選擇 "純色"，可以編輯均勻過渡的漸層效果；選擇 "雜訊"，可以編輯粗糙的漸層效果。

↗ 平滑度：調整漸層效果光滑細膩的程度。

↗ 漸層編輯條：編輯漸層效果。拖動漸層條上面的色標，可以更改漸層的
不透明度，在漸層條上面點擊，可以增加不透明度；拖動漸層條下面的
色標，可以更改純色漸層均勻過渡的程度，在漸層條下面點擊，可以增
加純色；點擊色標並拖出漸層條，可以刪除色標。

↗ 新增：漸層編輯完成後，輸入名稱並確認，可以將目前漸層效果增加到
預設框中。

↗ 儲存：將預設框中所有的漸層效果以指定的檔案名保存至電腦中。

↗ 載入：載入保存在電腦中的更多的漸層效果。

2．油漆桶工具

油漆桶工具 🪣 可以快速給影像填滿前景色或圖案，其屬性欄如圖 2-73 所示。

◑ 圖 2-73 油漆桶工具屬性欄

↗ 填滿：包括前景和圖案兩種填滿方式。選擇前景填滿時，填滿的內容為
目前的前景色顏色；選擇圖案填滿時，可以在圖案中選擇所需的內容。
填滿圖案後的效果如圖 2-74 所示。

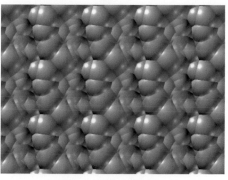

◑ 圖 2-74 圖案填滿效果

3 · 填滿指令

填滿指令在編輯功能表中，可以給影像填滿顏色、圖案和快照等。

選擇**編輯**→**填滿**指令，跳出如圖 2-75 所示的對話視窗，在內容選項中可以選擇要填滿的內容，還可設定混合模式和不透明度。進行橢圓選區，填滿效果如圖 2-76 所示。

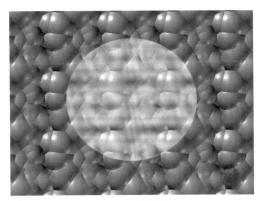

 圖 2-75 填滿設定

 圖 2-76 填滿效果

4 · 筆畫

筆畫指令可以對選取範圍進行筆畫而顯示特殊的效果。

選擇**編輯**→**筆畫**指令，跳出如圖 2-77 所示的對話視窗，從中可以設定筆畫的寬度和顏色等，如圖 2-78 所示。

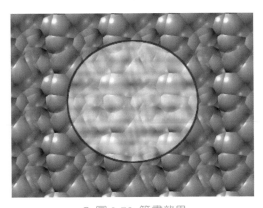

 圖 2-77 筆畫設定

 圖 2-78 筆畫效果

- ↗ 寬度：設定筆畫邊框的寬度，寬度值範圍為 1 ～ 16 像素。

- ↗ 顏色：設定筆畫邊框的顏色。

- ↗ 位置：指定邊框是位於選區或圖層邊界內、邊界外，或直接位於邊界上。

- ↗ 混合：設定混合模式和不透明度。

2.3　修飾工具

▶ 2.3.1　印章工具

印章工具用來修改影像，使影像更完美，包括仿製印章工具和圖樣印章工具，如圖 2-79 所示。

● 圖 2-79　圖章工具組

1 · 仿製印章工具

仿製印章工具 🔲 可以從影像中取樣，然後將取樣應用到其他影像或同一影像的不同部分上，達到複製影像的效果。其屬性欄如圖 2-80 所示，各選項與筆刷工具的大致相同。

● 圖 2-80　仿製印章工具屬性欄

選擇對齊核取方塊，每次繪製影像時會重新對位取樣；不勾選則取樣不齊，繪製的影像具有重疊性。選擇用於所有圖層核取方塊，取樣為所有顯示的圖層；不選，則只從目前圖層中取樣。

選擇仿製印章工具，按住 Alt 鍵，在要複製的影像內容上點擊設定取樣點，此時游標變為十字標記 ⊕，如圖 2-81 所示。若勾選對齊後進行影像複製，呈現的影像會整齊排列，效果如圖 2-82 所示；若不勾選對齊，則影像會重疊，效果如圖 2-83 所示。

↥ 圖 2-81 設定取樣點　　↥ 圖 2-82 選擇 "對齊" 複　　↥ 圖 2-83 不選 "對齊" 複
　　　　　　　　　　　　　　　　　製效果　　　　　　　　　　製效果

2．圖樣印章工具

圖樣印章工具 可以用定義的圖案來繪製，達到複製圖案的效果。其屬性欄
如圖 2-84 所示，各選項與仿製印章工具的大致相同。

↥ 圖 2-84 圖樣工具屬性欄

點擊對齊左邊圖案的三角形按鈕，然後從清單中選擇要複製的圖案，在影像中
繪製即可，如圖 2-85 所示。

↥ 圖 2-85 選擇或不選對齊複製圖案效果

▶ 2.3.2 影像修復

修復工具的功能類似印章工具，包括污點修復筆
刷工具、修復筆刷工具、修補工具、內容感知移
動工具和紅眼工具 5 種，如圖 2-86 所示。

↥ 圖 2-86 修復工具組欄

1‧修復筆刷工具

修復筆刷工具 ✒️ 綜合了仿製印章工具和圖樣工具的功能，同時可以將複製內容與影像底色相融合，形成互為補色圖案。其屬性欄如圖 2-87 所示，各選項與印章工具的相同，使用方法也相同。

🎧 圖 2-87 修復筆刷屬性

選擇**來源→取樣**，在影像中選擇取樣點，並複製影像，如圖 2-88 所示。

選擇**來源→圖案**，複製影像，如圖 2-89 所示。

🎧 圖 2-88 使用修復筆刷取樣複製

🎧 圖 2-89 使用修復筆刷複製圖案

2‧修補工具

修補工具 🎇 與修復筆刷工具的功能相似，其屬性欄如圖 2-90 所示。

🎧 圖 2-90 修補工具屬性欄

選擇修補工具，在屬性欄中選擇目的地，在影像中點擊並拖曳滑鼠選出要複製的影像內容，然後將選區拖至要複製的區域即可，如圖 2-91 所示。選擇來源，則與目的地相反，先選擇要複製的區域，再將其選取區拖曳至要複製的影像內容上。

選擇目的地內容　　　　　　　　　　修補後效果

⋒ 圖 2-91 使用修補工具複製影像

▶ 2.3.3 影像的修飾

修飾工具是用來對影像進行特殊處理的,包括模糊工具組和加亮工具組,如圖 2-92 所示。

⋒ 圖 2-92 模糊工具組和加亮工具組

1 · 模糊工具和銳利化工具

模糊工具可以軟化影像中的硬邊或區域,減少細節,使邊界變得柔和;銳利化工具正好相反,可以銳利化邊緣來增加影像的清晰度。模糊工具和銳利化工具屬性欄如圖 2-93 所示。

⋒ 圖 2-93 模糊工具和銳利化工具屬性欄

選擇模糊工具和銳利化工具，在影像中點擊並塗抹，效果如圖 2-94 所示。

原圖 模糊後 銳利化後

⋂ 圖 2-94 模糊和銳利化效果

2 · 指尖工具

指尖工具 🔲 可以模擬在未乾的畫中將濕顏料塗抹後的效果。該工具挑選筆觸開始位置的顏色，然後沿拖移的方向擴張融合。其屬性欄如圖 2-95 所示。使用指尖工具後的效果如圖 2-96 所示。

⋂ 圖 2-95 指尖工具屬性欄

原圖 塗抹後

⋂ 圖 2-96 塗抹效果

選擇指尖工具，選擇手指繪畫，可以使用前景色塗抹，並且在每一筆的起點與影像中的顏色融合；不選此項，則以每一筆的起點顏色塗抹。

3 · 加亮工具和加深工具

加亮工具和加深工具是用來加亮和變暗影像區域的，其屬性欄如圖 2-97 所示。

（上）圖 2-97 加亮工具和加深工具屬性欄

選擇加亮工具和加深工具，打開強度列表，從中選擇修改影像的色調範圍：

- ↗ 中間調：修改影像的中間色調區域，即介於陰影和亮部之間的色調區域。

- ↗ 陰影：修改影像的暗色部分，如陰影區域等。

- ↗ 亮部：修改影像的明亮區域。

繪製效果如圖 2-98 所示。

原圖　　　　　　　　　　　加亮後　　　　　　　　　　　加深後

（上）圖 2-98 加深和加亮效果

4 · 海綿工具

海綿工具 ⬤ 可以改變影像區域的色彩飽和度，在去色模式中，海綿工具透過將灰色階遠離或移到中灰來增加或降低對比度。其屬性欄如圖 2-99 所示。

（上）圖 2-99 海綿工具屬性欄

選擇海綿工具，在流量框中輸入壓力值，啟動功能表，選擇更改顏色的方式如下。

↗ 加色：增加影像顏色的飽和度，使影像中的灰色調減少。如已是灰色影像，則會減少中間灰度色調。

↗ 去色：降低影像的飽和度，從而使影像中的灰色調增加。如已是灰度影像，則會增加中間灰度色調。

繪製效果如圖 2-100 所示。

原圖

選擇加色

選擇去色

🎧 圖 2-100 加色和去色效果

2.4 顯示工具

▶ 2.4.1 縮放工具

縮放工具 🔍 可以將影像視圖等比例放大或縮小，其屬性欄如圖 2-101 所示。

🎧 圖 2-101 縮放工具屬性欄

○ 🔍🔍：選擇放大工具或縮小工具。

○ **重新調整視窗尺寸以相合**：若有勾選，則在放大或縮小影像顯示比例的過程中，系統會自動調整影像視窗的大小以適應影像的顯示大小，使影像重新調整成適合視窗的尺寸。

○ **✓ 拖曳縮放**：若有勾選，則在以 "重新調整視窗尺寸以相合" 方式擴大影像顯示比例時，影像視窗將隨影像的放大而放大，不管控制台是否擋住了影像窗口；若沒勾選，則在放大影像的過程中，影像視窗擴大到一定程度後，將不再擴大，以避免控制台擋住了影像視窗，而影響影像的查看。

⊃ ██100%██ ：使影像以 100% 比例顯示，顯示器螢幕的一個光點顯示影像中的一個像素。

⊃ ██全螢幕██ ：根據 Photoshop 空白桌面的大小，自動調整影像視窗的大小和影像的顯示比例，以最適合的方式顯示。

⊃ ██顯示全頁██ ：根據影像的尺寸和解析度計算出來的列印尺寸進行顯示。

選擇縮放工具，將游標移到影像視窗點擊，影像將以點擊點為中心放大；按住 Alt 鍵點擊滑鼠，影像將以點擊點為中心縮小；在影像視窗中點擊滑鼠左鍵並拖曳，可將選框內影像放大。影像視圖最大可放大到 3200%。

▶ 2.4.2 手形工具

當影像尺寸較大或放大顯示比例後，影像視窗將不能完全顯示全部影像，此時若想查看未顯示的區域，必須透過捲軸或手形工具 ██ 來移動影像顯示區域。手形工具的屬性欄如圖 2-102 所示。

⋒ 圖 2-102 手形工具屬性欄

選擇手形工具，在影像視窗點擊並拖曳滑鼠，影像就會隨著滑鼠的移動而移動。

▶ 2.4.3 導覽器面板

導覽器面板可以調整影像的顯示比例，也可以移動影像。選擇**視窗→導覽器**命令，打開導覽器面板，如圖 2-103 所示。

紅色矩形框標示目前影像視窗顯示的影像區域

輸入數值可快速調整影像顯示比例

點擊按鈕或滑動滑桿可調整影像顯示比例

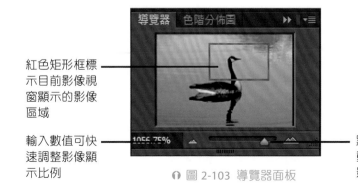

⋒ 圖 2-103 導覽器面板

在導覽器左側文字方塊中輸入顯示比例，或按一下右側兩個按鈕，可以放大或縮小影像。影像縮圖中顯示有一個紅色矩形框，其中框線內的區域代表當前影像視窗中顯示的影像區域，框線外的區域代表未顯示的影像區域。移動游標至紅色線框中，然後拖動滑鼠，可以移動影像。

TIPS

1. 按 Ctrl 和 ＋，可快速放大影像；按 Ctrl 和 －，可快速縮小影像。

2. 按兩下縮放工具，可使影像以 100% 比例顯示。

3. 按兩下手形工具，可使影像以填滿畫布方式顯示。

2.5　路徑工具

▶ 2.5.1　路徑基本概念

路徑可以是點、線條或形狀，是由錨點、曲線段、平衡桿和把手組成的，如圖 2-104 所示。

組成路徑的基本點稱為錨點，兩個錨點之間的線段稱為曲線段，由錨點拖曳出的線段稱為平衡桿。平衡桿的端點稱為把手。拖動把手，可改變平衡桿的長度和角度，曲線段的形狀也將隨之改變。路徑的形狀是由錨點的位置、平衡桿的長度和角度決定的。

路徑分為開放路徑和封閉路徑，如圖 2-105 所示。封閉路徑起點與終點相連，可以與選區之間相互轉換。

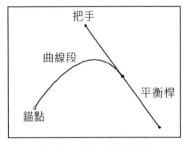

🔊 圖 2-104 路徑組成

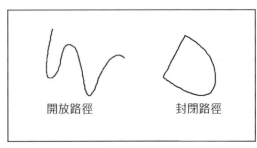

🔊 圖 2-105 開放路徑和封閉路徑

筆型工具組是用來建立和修改路徑的，包括筆型工具、創意筆工具、增加錨點工具、刪除錨點工具和轉換錨點工具，如圖 2-106 所示。

◑ 圖 2-106 筆型工具組

1 · 筆型工具

筆型工具 ✒ 是建立路徑的基本工具，可以建立點、直線路徑或曲線路徑，其屬性欄如圖 2-107 所示。

◑ 圖 2-107 筆型工具屬性欄

⇒ 形狀 ⟡ ：建立路徑時，不僅顯示路徑，還可建立形狀圖層。

⇒ 路徑 ⟡ ：建立路徑時，只顯示路徑，不建立形狀圖層。

⇒ ☑自動增加/刪除：若有勾選，則當選擇筆型工具時，將游標移至曲線段按一下，系統即會自動增加錨點；游標移至錨點按一下，則自動刪除該錨點。

選擇筆型工具，在影像視窗中按一下確定起始錨點，然後依需求路徑多次點按，確定更多個錨點，最後按住 Ctrl 鍵在路徑外任一點按一下，可建立開放的直線路徑。最後一個錨點為實心小方塊，如圖 2-108 所示。

當最後一個錨點與起始錨點位置相同時，游標右下角會出現一個小圓圈，此時按一下滑鼠，可建立封閉的直線路徑，如圖 2-109 所示。

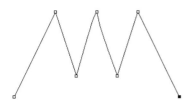

◑ 圖 2-108 開放的直線路徑

◑ 圖 2-109 封閉的直線路徑

影像處理常用工具

2

建立路徑確定錨點時，按一下滑鼠拖曳出平衡桿，對平衡桿進行長度和角度的調整，可建立開放和封閉的曲線路徑，如圖 2-110 所示。

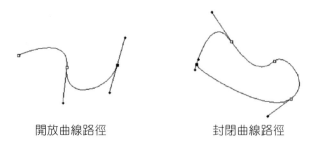

開放曲線路徑　　　　　　　　封閉曲線路徑

🔊 圖 2-110 曲線路徑

TIPS

建立路徑時，按住 Shift 鍵，可以將線段控制在 45°範圍內。

2 · 創意筆工具

創意筆工具 🖉 可以建立任意形狀，使用方法與套索工具相似。選擇創意筆工具，在影像中按一下並拖曳，系統會自動增加錨點，建立的路徑為滑鼠拖動的軌跡形狀。創意筆工具屬性欄如圖 2-111 所示。

🔊 圖 2-111 自由筆型工具屬性欄

- 曲線符合：確定路徑中自動增加的錨點數量，輸入值越大，錨點數越少，取值範圍為 0.5 ～ 10 像素。

- 磁性：若勾選，則寬度、對比、頻率屬性被啟動，此時自由筆型工具轉換為磁性筆型工具，使用方法與磁性套索工具相似。

↗ 寬度：設定磁性筆型檢測的範圍，輸入值越大，檢測範圍越大。

↗ 對比：設定邊緣像素之間的對比度。

↗ 頻率：設定路徑中錨點的密度，輸入值越大，路徑上錨點密度越大。

● 筆的壓力：只有在選中磁性核取方塊後才有效。如果使用的是繪圖板，當選擇該選項時，筆的壓力的增加將導致寬度的值減小。

3 · 增加錨點工具

增加錨點工具 ![] 可以透過在路徑上增加錨點來調整路徑的形狀。按一下增加錨點工具，將游標移至曲線段上要增加錨點的位置，游標右下角會出現 "+"，按一下滑鼠，則該處會增加一個錨點，如圖 2-112 所示。

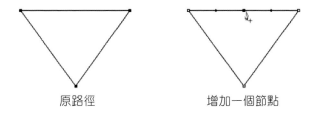

原路徑　　　　　　　增加一個節點

🎧 圖 2-112 增加錨點

4 · 刪除錨點工具

刪除錨點工具 ![] 可以刪除路徑上不用的錨點來調整路徑形狀。按一下刪除錨點工具，將游標移至曲線段上要刪除錨點的位置，游標右下角會出現 "-"，按一下滑鼠，則該錨點被刪除，如圖 2-113 所示。

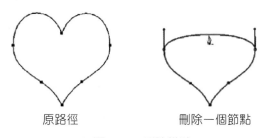

原路徑　　　　　　　刪除一個節點

🎧 圖 2-113 刪除錨點

影像處理常用工具

2

5 · 轉換錨點工具

轉換錨點工具 ▶ 可以調整路徑的形狀。按一下轉換錨點工具，將游標移至需要轉換的錨點上，按一下並拖曳把手來調整路徑。

選擇筆型工具，按一下五角形的一個錨點並拖曳，調整其平衡桿的長度和角度，可將直線型錨點調整為曲線型錨點。調整路徑如圖 2-114 所示。

原路徑　　　　　　轉換一個錨點　　　　轉換後效果

⋂ 圖 2-114 轉換錨點

將曲線型錨點轉換成直線型錨點，只需在該錨點上直接按一下即可。調整後的路徑效果如圖 2-115 所示。

⋂ 圖 2-115 曲線型錨點
轉換直線型錨點

▶ 2.5.3 形狀工具組

形狀工具組包括矩形工具、圓角矩形工具、橢圓工具、多邊形工具、直線工具和自訂形狀工具，如圖 2-116 所示。

⋂ 圖 2-116 規則形狀工具組

在該工具組中可以選擇要建立的基本形狀，還可以按一下屬性欄中的形狀選擇按鈕，設定參數，建立更多的形狀，如圖 2-117 所示。

⋂ 圖 2-117 形狀工具組屬性欄

Photoshop 平面設計實戰－空間與建築合成精粹

▶ 2.5.4 選擇工具

選擇工具是對路徑或錨點進行位置調整的，包括路徑選取工具和直接選取工具，如圖 2-118 所示。

🎧 圖 2-118 路徑工具

1 · 路徑選取工具

路徑選取工具 主要用來調整路徑的位置，其屬性欄如圖 2-119 所示。

🎧 圖 2-119 路徑選取工具屬性欄

在影像視窗建立路徑，選擇路徑選取工具，將游標移動到路徑中按一下並拖動，可以移動路徑，此時被移動路徑上的錨點全部顯示為實心小方塊，如圖 2-120 所示。

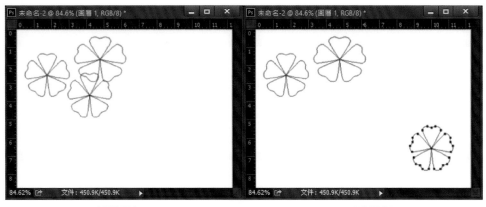

新增路徑　　　　　　　　　　　　　　　移動路徑

🎧 圖 2-120 移動路徑

按一下並拖曳選框，選擇影像視窗所有路徑，按一下屬性欄中的垂直對齊，則形狀排列在同一水平線上，再按一下水平居中分布，則形狀等距離分布，如圖2-121 所示。

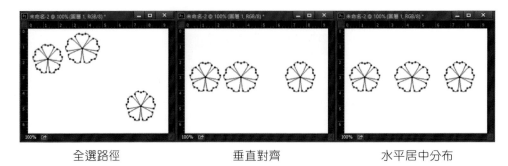

全選路徑　　　　　　　　　垂直對齊　　　　　　　　　水平居中分布

🎧 圖 2-121 使用"對齊"路徑和"分布"路徑

2．直接選取工具

直接選取工具 ▸ 主要用來調整路徑上錨點的位置。在影像視窗中建立路徑，按一下直接選取工具，此時路徑上所有的錨點顯示為空心小方塊，按一下錨點並調整該錨點的位置，按一下並拖動把手，可調整路徑的形狀，如圖 2-122 所示。

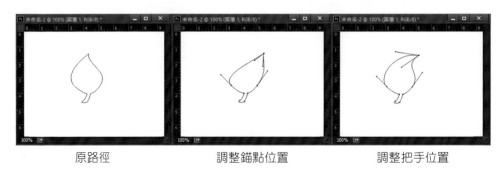

原路徑　　　　　　　　　　調整錨點位置　　　　　　　　調整把手位置

🎧 圖 2-122 使用直接選取工具

▶ 2.5.5 編輯路徑與應用

路徑面板可以將路徑儲存、複製和刪除，還可以對路徑進行填滿和描邊等操作。選擇**視窗**→**路徑**命令，打開路徑面板，如圖 2-123 所示。

路徑預覽圖 —

用前景色填滿路徑 ——
筆畫路徑 ——
路徑轉為選取範圍 ——
選取範圍轉為路徑 ——
增加向量圖遮色片 ——

面板選單

刪除路徑
新增新路徑

⊙ 圖 2-123 路徑面板

STEP 1 新建影像檔,在路徑面板中按一下新建
按鈕,建立"路徑 1",如圖 2-124 所示。

⊙ 圖 2-124 新建路徑

STEP 2 選擇自訂形狀工具,建立路徑,如圖 2-125 所示。

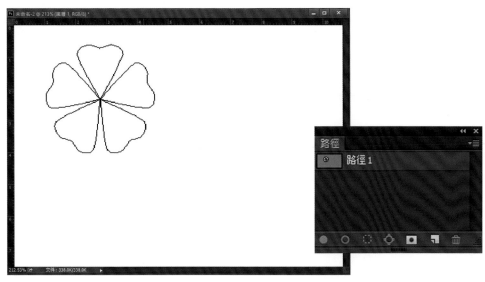

⊙ 圖 2-125 建立路徑

影像處理常用工具

2

STEP 3 選擇路徑面板功能表中的複製路徑命令，建立"路徑1拷貝"，如圖 2-126 所示，按一下"確定"。

○ 圖 2-126 複製路徑

STEP 4 選擇"路徑1"，設定前景色為紅色，在路徑面板中按一下用前景色填滿路徑按鈕，填滿效果如圖 2-127 所示。

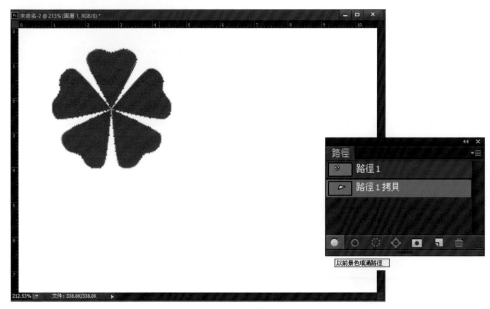

○ 圖 2-127 填滿路徑

STEP 5 選擇"路徑1拷貝"，調整路徑位置至右下角，按一下畫筆工具，設定畫筆筆尖形狀，如圖 2-128 所示。再按一下路徑面板中的用畫筆描邊路徑按鈕，描邊效果如圖 2-129 所示。

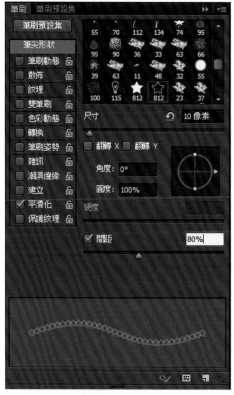

🎧 圖 2-128 設定畫筆屬性

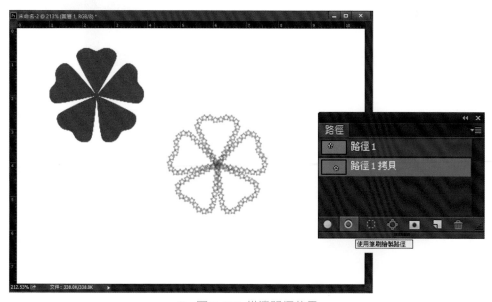

🎧 圖 2-129 描邊路徑效果

選擇路徑面板功能表中的填滿路徑命令，跳出如圖 2-130 所示的對話方塊，設定填滿內容，按一下 "確定"，填滿效果如圖 2-131 所示。

⋔ 圖 2-130 設定填滿屬性

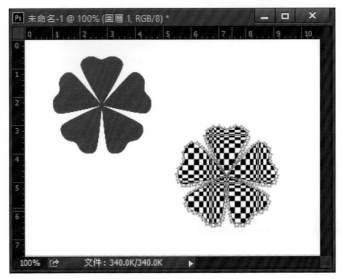

⋔ 圖 2-131 填滿路徑效果

STEP 7 在路徑面板中選擇 "路徑 1 拷貝"，按一下 "刪除" 按鈕，如圖 2-132 所示，跳出路徑刪除對話方塊，按一下 "是"，可刪除該路徑。

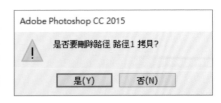

⋔ 圖 2-132 刪除路徑

STEP 8 選擇 "路徑 1"，調整路徑位置，按一下路徑面板中的載入路徑作為選取範圍按鈕，可以將路徑轉換為選區，如圖 2-133 所示。再按一下路徑面板中的選取範圍轉為路徑按鈕，即可以將選區轉換為路徑。

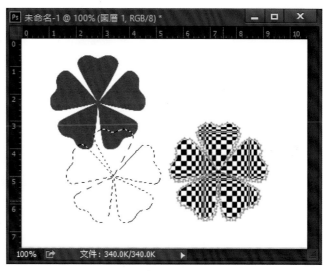

載入路徑作為選取範圍

⚫ 圖 2-133 將路徑作為選取範圍載入

2.6 | 文字工具

▶ 2.6.1 輸入文字

文字工具包括水平文字工具、垂直文字工具、水平文字遮色片工具和垂直文字遮色片工具，如圖 2-134 所示。

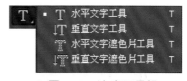

⚫ 圖 2-134 文字工具組

1 · 水平文字工具

水平文字工具 T 可以在影像中輸入水平排列的文字，其屬性欄如圖 2-135 所示。

⚫ 圖 2-135 水平文字工具屬性欄

⊃ 🔳：文字在水平文字工具和垂直文字工具之間切換。

⊃ 微軟正黑體 Regular ▼：在下拉清單中選擇需要的字體。

⊃ Regular ▼：在下拉清單中選擇需要的字體樣式。

⊃ 🆃 24 pt ▼：在下拉清單中選擇需要的字體的字型大小。預設大小最大為
75，也可以直接輸入數字調整大小。

⊃ ᵃₐ 銳利 ⬍：在下拉清單中選擇消除文字邊緣鋸齒的樣式，包括無、銳
利、尖銳、強烈和平滑。

⊃ 🔳🔳🔳：選擇文字左對齊、居中或右對齊的對齊方式。

⊃ ⬜：設定所需的文字顏色，預設顏色為當前前景色。按一下色塊，在跳出
的檢色器中可以設定其他顏色。

⊃ 🆃：設定文字的彎曲類型。

⊃ 🔳：跳出字元和段落面板，可以對文字和段落進行編輯。

選擇水平文字工具，在影像視窗中直接按一下滑鼠左鍵，游標閃動，即可輸入
單行文字內容，如圖 2-136 所示。

按一下滑鼠左鍵並拖曳，此時出現一個文字方塊，文字方塊中有閃動的游標，
此時可以輸入段落文字，如圖 2-137 所示。

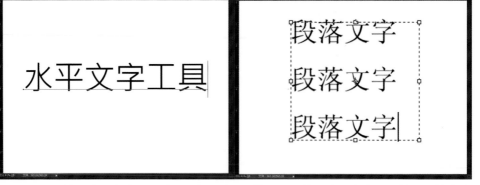

🎧 圖 2-136 使用水平文字工具輸入單行文字 🎧 圖 2-137 使用水平文字工具輸入段落文字

2‧垂直文字工具

垂直文字工具  可以在影像中輸入垂直排列的文字，其屬性欄如圖 2-138 所示，各選項與水平文字工具的相同。

♪ 圖 2-138 垂直文字工具屬性欄

選擇垂直文字工具，在影像視窗中輸入文字內容，效果如圖 2-139 所示。

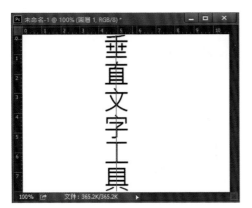
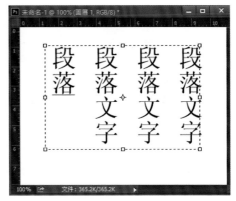

♪ 圖 2-139 使用垂直文字工具輸入單行文字和段落文字

3‧水平文字遮色片工具和垂直文字遮色片工具

水平文字遮色片工具  和垂直文字遮色片工具 可以將輸入的文字轉化成遮色片或選取區域。其屬性欄如圖 2-140 所示。文字轉化為選取區域後，可對它像其他選取區域一樣進行編輯，如圖 2-141 所示。

♪ 圖 2-140 水平文字遮色片工具和垂直文字遮色片工具屬性欄

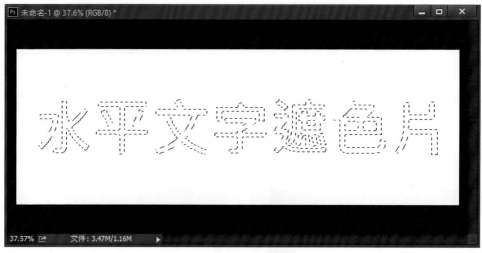

∩ 圖 2-141 使用水平文字遮色片工具

▶ 2.6.2 文字編輯

Photoshop 主要使用字元面板和段落面板對文字進行編輯調整。

1 · 字元面板

選擇**視窗**→**字元**命令或按一下文字屬性欄的切換字元和段落面板按鈕,可以打開字元面板,如圖 2-142 所示。

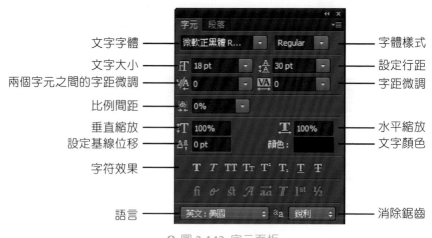

文字字體 ——
字體樣式
文字大小 ——
設定行距
兩個字元之間的字距微調 ——
字距微調
比例間距 ——
垂直縮放 ——
水平縮放
設定基線位移 ——
文字顏色
字符效果 ——
語言 ——
消除鋸齒

∩ 圖 2-142 字元面板

Photoshop 平面設計實戰—空間與建築合成精粹

2 · 段落面板

選擇**視窗**→**段落**命令或按一下文字屬性欄的切換字元和段落面板按鈕,可以打開段落面板,如圖 2-143 所示。

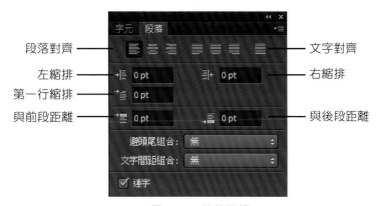

段落對齊 —— 文字對齊
左縮排 —— 右縮排
第一行縮排
與前段距離 —— 與後段距離

🎧 圖 2-143 段落面板

3 · 彎曲文字

選擇工具選項欄中的彎曲文字按鈕,在跳出的對話方塊中可以對文字進行彎曲處理,如圖 2-144 所示。

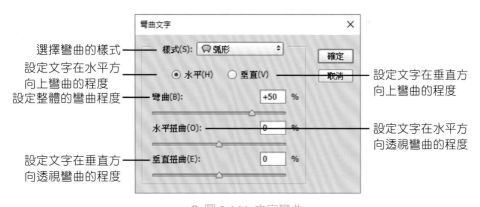

選擇彎曲的樣式
設定文字在水平方向上彎曲的程度
設定整體的彎曲程度
設定文字在垂直方向透視彎曲的程度

設定文字在垂直方向上彎曲的程度
設定文字在水平方向透視彎曲的程度

🎧 圖 2-144 文字彎曲

▶ 2.6.3 處理文字圖層

使用文字工具輸入文字後，系統會在圖層中自動生成一個文字圖層，如圖 2-145 所示。

選擇文字圖層為當前圖層，可對其文字進行編輯和調整，但在文字圖層上不能直接使用繪圖等工具和命令，如要使用這些工具和命令，需將文字點陣化。選擇**圖層→點陣化**命令，可將文字圖層點陣化為普通圖層。

▶ 2.6.4 文字與路徑

Photoshop 中的文字形狀除了可以使用變形文字的效果外，還可以透過建立路徑得到更多的文字形狀效果。

STEP 1 按一下工具箱中的自訂形狀工具，如圖 2-146 所示，在屬性欄中按一下繪製路徑按鈕。

↑ 圖 2-146 選擇自訂形狀工具

STEP 2 在影像視窗建立任意封閉路徑，如圖 2-147 所示。

STEP 3 按一下工具箱中的水平文字工具，將游標移至路徑內按一下，此時輸入文字，文字會在路徑範圍內依次排列，如圖 2-148 所示。

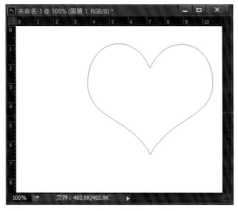

🎧 圖 2-147 建立封閉路徑

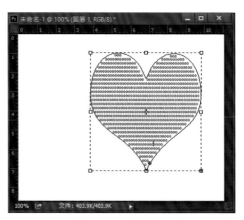

🎧 圖 2-148 輸入點文字

STEP 4 按一下工具箱中的筆型工具，在屬性欄中選擇繪製路徑，在影像視窗中建立任意開放路徑，如圖 2-149 所示。

STEP 5 按一下工具箱中的水平文字工具，將游標移至路徑輸入文字，文字會沿所繪製路徑排列，如圖 2-150 所示。

🎧 圖 2-149 建立開放路徑

🎧 圖 2-150 輸入單行文字

影像處理常用工具

2

案例一：繪製氣球

STEP 1 選擇**檔案→開啟舊檔**命令，打開素材 "天空" 影像檔，如圖 2-151 所示。

STEP 2 在圖層面板中建立一個新圖層 "圖層一"，選擇工具箱中的橢圓選取工具，在 "圖層一" 中建立橢圓選取範圍，如圖 2-152 所示。

⋒ 圖 2-151 打開 "天空" 檔案　　　　　　⋒ 圖 2-152 繪製橢圓選區

STEP 3 設定前景色為紅色（255,0,0），選擇工具箱中的漸層工具，在其屬性欄中設定各參數，如圖 2-153 所示。

⋒ 圖 2-153 設定漸層屬性

STEP 4 在選區中繪製漸層，如圖 2-154 所示。

⋒ 圖 2-154 繪製漸變效果

在圖層面板中設定 "圖層一" 的不透明度為 70%，如圖 2-155 所示，這樣可得到透過氣球隱約看到天空的效果，效果如圖 2-156 所示。

　　⌒ 圖 2-155　設定不透明度　　　　　　⌒ 圖 2-156　不透明效果

STEP 6　使用右鍵開啟任意變形命令調整氣球位置，調整完後取消選取。設定前景色為黑色（0,0,0），選擇工具箱中的畫筆工具，設定畫筆筆尖大小，繪製氣球的拉線，如圖 2-157 所示。

STEP 7　按同樣方法再繪製幾個不同顏色的氣球，如圖 2-158 所示。

　　⌒ 圖 2-157　繪製氣球拉線　　　　　　⌒ 圖 2-158　影像繪製效果

案例二：繪製小動物

STEP 1 選擇**檔案**→**開啟舊檔**命令，打開素材"小狗"影像檔，如圖 2-159 所示。

◑ 圖 2-159 打開"小狗"檔案

STEP 2 選擇工具箱中的筆型工具，在工具選項欄中設定各參數，如圖 2-160 所示。

◑ 圖 2-160 設定筆型工具屬性

STEP 3 用筆型工具勾出小狗的面部輪廓，如圖 2-161 所示。

STEP 4 在路徑面板中按兩下"工作路徑"，在跳出的"儲存路徑"對話方塊中輸入路徑名稱"臉部"，如圖 2-162 所示，按一下"確定"確認。

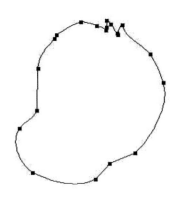

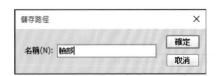

◑ 圖 2-161 繪製小狗面部輪廓　　◑ 圖 2-162 儲存路徑"面部"

STEP 5 在圖層面板中建立一個新圖層 "輪廓"，選擇工具箱中的畫筆工具，在其屬性欄中設定各參數，如圖 2-163 所示。

⚲ 圖 2-163 設定畫筆屬性

STEP 6 設定前景色為黑色（0,0,0），按一下路徑面板下方的用畫筆描邊路徑按鈕，用前景色描繪路徑，效果如圖 2-164 所示。

STEP 7 選擇工具箱中的筆型工具，用同樣的方法將小狗的其他部分逐一勾畫成封閉路徑，分別儲存為 "耳朵"、"身體"、"腿"、"尾巴"、"項圈"、"脖子"，並對相應對路徑用前景色逐一描邊。效果如圖 2-165 所示。

STEP 8 設定前景色為淡黃色（246,210,130），選擇路徑 "臉部"，按一下路徑面板下方的用前景色填滿路徑按鈕，用前景色填滿小狗的面部，效果如圖 2-166 所示。

⚲ 圖 2-164 描邊路徑 "臉部"　　⚲ 圖 2-165 全部描邊效果　　⚲ 圖 2-166 填滿 "面部"

STEP 9 用同樣的方法分別選擇路徑 "耳朵"、"身體"、"腿"、"尾巴"、"脖子"，按一下路徑面板下方的用前景色填滿路徑按鈕，用前景色對路徑逐一填滿。效果如圖 2-167 所示。

STEP 10 設定前景色為藍色（70,70,255），選擇路徑 "項圈"，按一下路徑面板下方的用前景色填滿路徑按鈕，用前景色填滿小狗的項圈。效果如圖 2-168 所示。

影像處理常用工具

2

STEP **11** 設定前景色為黃色（255,255,0），選擇工具箱中的畫筆工具，在工具選項欄設定各參數，在項圈上繪製圖案。效果如圖 2-169 所示。

🎧 圖 2-167 填滿效果　　🎧 圖 2-168 全部填滿效果　　🎧 圖 2-169 繪製項圈圖案

STEP **12** 在路徑面板中選擇 "臉部"，按一下路徑面板下方的將路徑作為選取區域載入按鈕，如圖 2-170 所示。

STEP **13** 選擇工具箱中的加深工具，在選取區域中的部分區域進行塗抹。效果如圖 2-171 所示。

STEP **14** 分別選擇路徑 "耳朵"、"身體"、"腿"、"尾巴"、"脖子"，用加深工具塗抹，效果如圖 2-172 所示。

🎧 圖 2-170 載入 "臉部"　　🎧 圖 2-171 臉部使用加深　　🎧 圖 2-172 全部加深效果
　　　　選區　　　　　　　　　　效果

STEP 15 在圖層面板中建立一個新圖層"眼睛"。設定前景色為白色（255,255,255）。選擇工具箱中的橢圓選取畫面工具，建立圓形選取區域，填滿白色，如圖 2-173 所示。

STEP 16 設定前景色為黑色（0,0,0），使用相減、相交之功能建立選取區域，填滿黑色，如圖 2-174 所示。

STEP 17 在圖層面板中複製圖層"眼睛"，按一下圖層"眼睛拷貝"，使用任意變形命令調整眼睛的位置和旋轉角度。效果如圖 2-175 所示。

⋂ 圖 2-173 繪製眼睛 1　　⋂ 圖 2-174 繪製眼睛 2　　⋂ 圖 2-175 複製眼睛

STEP 18 新建一個圖層"其他"，選擇工具箱中的畫筆工具，設定畫筆筆尖大小，繪製小狗的眉毛、鼻子和嘴巴。效果如圖 2-176 所示。

STEP 19 設定前景色為白色（255,255,255），選擇工具箱中的畫筆工具，設定畫筆筆尖大小，繪製小狗鼻子和眼睛的亮點。效果如圖 2-177 所示。

⋂ 圖 2-176 繪製其他　　　⋂ 圖 2-177 影像繪製效果

Note

CHAPTER 3

色版和遮色片

內容導覽

色版是 Photoshop 除了圖層和遮色片之外最重要的功能之一，主要用來保存影像色彩資訊及選取範圍等。簡單地說，色版是一個保存著不同顏色的選取範圍。色版和選取範圍可以互相轉換，製作出許多特殊效果。

遮色片是將不同灰階值轉化為不同的透明度，並作用到它所在的圖層中，使圖層不同部位透明度產生相應的變化，以便用來控制影像的顯示和隱藏區域，是進行影像合成的重要功能。

學習要點

◇ 調整影像的色彩

◇ 利用色版選取毛髮

◇ 建立圖層遮色片

◇ 利用圖層遮色片修改照片

色版是 Photoshop 中的重要內容之一，以灰階影像的方式來儲存影像，它所表現的儲存色彩資訊和選擇範圍的功能是非常強大的。

下面案例是運用色版對影像進行色彩處理的過程。

圖 3-1 是原始圖片，圖 3-2 是調整後圖片，具體操作如下。

ᐁ 圖 3-1 原始圖片

ᐁ 圖 3-2 調整後圖片

STEP 1 打開原始素材圖片（如圖 3-3 所示），按 Ctrl+J 快捷鍵，把背景圖層複製一層，如圖 3-4 所示。

ᐁ 圖 3-3 調入原始素材圖片

❶ 圖 3-4 複製背景圖層

STEP **2** 在色版面板中選擇藍色色版（如圖 3-5 和圖 3-6 所示）。

❶ 圖 3-5 選擇色版一

❶ 圖 3-6 選擇色版二

STEP **3** 選擇**影像→套用影像**，在跳出的對話方塊中設定圖層為背景，混合為色彩增值，不透明度為 50%，勾選負片效果，如圖 3-7 所示。

❶ 圖 3-7 影像調整

STEP 4 回到圖層面板，建立曲線調整圖層，藍色版為 44、182，紅色版為 89、108，效果如圖 3-8 所示。

🎧 圖 3-8 調整後圖面效果

STEP 5 新建一個圖層，填滿黑色，圖層混合模式為色彩增值，不透明度為 60%，如圖 3-9 所示，利用橢圓選取畫面工具選取中間部分，如圖 3-10 所示。

🎧 圖 3-9 新建圖層

🎧 圖 3-10 橢圓選取畫面

STEP 6 按 Ctrl+Alt+D 快捷鍵進行羽化，數值為 70，然後按兩次 Delete 鍵進行刪除，再輸入文字，完成效果，如圖 3-11 所示。

⋂ 圖 3-11 調整後影像效果

時尚雜誌封面製作

色版選取是非常快速及常用的選取方法，不過主體與背景的對比是要分明的。
例如：用色版選取主要要選出較複雜的頭髮部分，其他部分可以用鋼筆工具來
完成，因為鋼筆選出的邊緣要圓滑很多。先進入色版面板，選擇一個頭髮與背
景對比較大的色版複製一份（如圖 3-12 所示）。然後用調色工具把背景調白，
再負片效果。用黑色筆刷擦掉除頭髮以外的部分，即可得到頭髮的選取範圍，
後面只要把選取範圍部分的頭髮複製到新的圖層，最後完成人物合成效果，如
圖 3-13 所示。

⋂ 圖 3-12 原始圖片效果

⋂ 圖 3-13 選取後合成影像

色版和遮色片

3

STEP 1 打開原圖（如圖 3-14 所示），按 Ctrl+J 快捷鍵複製一個圖層，如圖 3-15 所示。

↥ 圖 3-14 打開原圖

↥ 圖 3-15 複製圖層

STEP 2 打開色版面板，分別觀察紅色色版、綠色色版和藍色色版，選取出黑白對比最強烈的一個色版，如圖 3-16 ～圖 3-18 所示。

↥ 圖 3-16 紅色色版

↥ 圖 3-17 綠色色版

↥ 圖 3-18 藍色色版

STEP 3 選中黑白對比度最強的紅色色版，複製紅色色版，如圖 3-19 所示。

⋒ 圖 3-19 複製紅色色版

STEP 4 選擇**影像→調整→曲線**，調整紅色色版的曲線值，如圖 3-20 所示。再選擇**影像→調整→色階**，進行調整，如圖 3-21 所示。在色版中運用曲線和色階命令，調整影像的對比度，使黑色部分更黑、白色部分更白，這樣就可以很方便地製作出所需的選取範圍，得到想要的影像部分。效果如圖 3-22 所示。

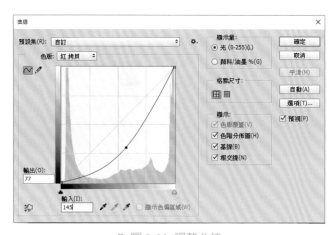

⋒ 圖 3-20 調整曲線

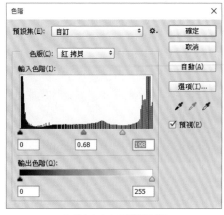

⋒ 圖 3-21 調整色階

⋒ 圖 3-22 調整後圖片效果

按一下工具箱中的筆刷工具按鈕，設定前景色為 "黑色"，選擇合適的筆刷尺寸將人物部分塗成黑色，如圖 3-23 所示。按一下藍拷貝色版，載入選取範圍。用黑色的柔邊筆刷工具對影像進行繪製，繪製後的效果如圖 3-24 所示。

⚓ 圖 3-23 調整色階、曲線後影像

⚓ 圖 3-24 筆刷繪製後效果

STEP 6 按一下 RGB 恢復色版，切換到圖層面板，按 Ctrl+Shift+I 快捷鍵反向選擇選取範圍，按 Ctrl+J 快捷鍵複製選取範圍中的內容到新的圖層，隱藏背景圖層，效果如圖 3-25 所示。

⚓ 圖 3-25 複製到新圖層效果

STEP 7 打開素材檔案（如圖 3-26 所示），將此檔案拖至選取檔案中（如圖 3-27 所示）形成圖層 2。最後完成效果如圖 3-28 所示。

⚓ 圖 3-26 選擇一張背景圖

圖 3-27 新建圖層 2 增加背景圖

圖 3-28 封面女郎效果

3.3 影像混合技術

本章介紹一種比較常用的合成方法，把人像合成到實物裡面。這裡選擇的是山崖，其他實物的操作過程也是類似。

找好相應的素材，把人像去除飽和度，用遮色片控制好區域，把背景覆蓋到人像上面，修改圖層混合模式，得到初步的效果，最後處理細節即可。

STEP 1 打開原始素材（如圖 3-29 所示），再打開人物素材（如圖 3-30 所示），全選人像圖，拖到山崖素材上。

圖 3-29 打開原始素材

圖 3-30 人物素材

STEP 2 將人物頭像放在山崖合適位置（如圖 3-31 所示），用矩形框選工具對需要的人物影像大小進行框選（如圖 3-32 所示）。

◯ 圖 3-31 人物圖層

◯ 圖 3-32 人物影像大小選取畫面

STEP 3 按 Ctrl+Shift+I 快捷鍵，對影像進行反向選擇，用矩形工具刪除不需要的部分，如圖 3-33 所示。

◯ 圖 3-33 利用選擇工具修剪頭像

STEP 4 選取範圍人像，選擇**編輯→變形→水平翻轉**，調整好人像與山崖的位置，如圖 3-34 所示。為人像增加遮色片（如圖 3-35 所示），用黑色筆刷繪製，露出臉的邊緣，不用太準確，差不多即可。

○ 圖 3-34 人像反轉效果

○ 圖 3-35 增加遮色片

STEP 5 利用遮色片工具（如圖 3-36 所示）和筆刷工具（如圖 3-37 所示）調整
人物頭像，最後效果如圖 3-38 所示。

○ 圖 3-36 遮色片工具

○ 圖 3-37 筆刷工具

○ 圖 3-38 完成頭像修改效果

STEP 6 將人物去除飽和度。複製背景，將背景拷貝移到人像圖層上面，混合模式改為 "色彩增值"，將人像和背景拷貝分別調整色階提亮，如圖 3-39 和圖 3-40 所示。沒有具體參數，自己觀察，感覺人像和懸崖比較融合就可以了。

⋒ 圖 3-39 複製背景圖層

⋒ 圖 3-40 複製完成樣式

STEP 7 將筆刷硬度、不透明度降低，用黑色筆刷在人像圖層遮色片上繼續繪製，使人像和山崖更自然地結合到一起，如圖 3-41 所示。

⋒ 圖 3-41 結合兩張圖片

如果覺得人像不夠明顯的話，就按右鍵圖層，選擇混合選項，跳出如圖 3-42 所示的對話方塊，選取圖層樣式後觀察結果，根據實際情況操作，最後效果如圖 3-43 所示。

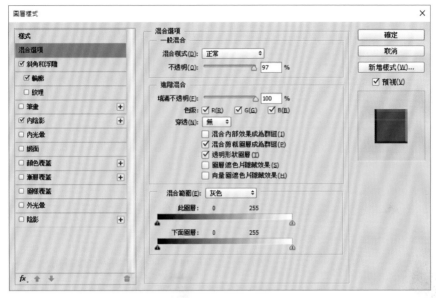

↑ 圖 3-42 調整圖層

↑ 圖 3-43 調整後效果

Note

CHAPTER 4

常用的
調整工具

內容導覽

本章節透過簡易的範例教學,讓學習者能快速瞭解常用調整工具的使用方式,以及如何使用調整工具來修正影像,或製作不同的影像效果與色調。

學習要點

◇ 亮度 / 對比

◇ 色階

◇ 曲線

◇ 色相 / 飽和度

◇ 自然飽和度

◇ 色彩平衡

◇ 黑白

◇ 相片濾鏡

◇ 陰影 / 亮部

亮度 / 對比指令可以對偏亮或偏暗的影像進行簡單快速的調整，將亮度滑桿向右移動，影像會變得較為明亮，反之則變暗。

將對比滑桿向右移動，會增加影像中黑點與白點的比值，也就是說會將影像中亮的地方更亮，暗的地方更暗，產生高對比度的影像，使影像更具銳利、立體、色彩鮮艷，反之則會使影像變得較為平坦、不具立體感、色彩灰暗。

開啟範例檔案 "影像 4-1.jpg"，點擊**影像→調整→亮度 / 對比**，如圖 4-1 所示。

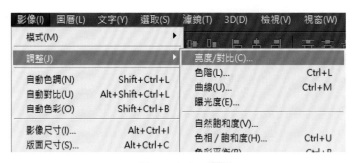

◗ 圖 4-1 亮度 / 對比

因範例檔案看起來較為灰暗（如圖 4-2），故可將亮度滑桿向右移動，影像就會變得較為明亮。但影像看起來還是太平坦，因此再將對比滑桿向右移動，如圖 4-3 所示，增加影像的立體感，調整後如圖 4-4 所示。

◗ 圖 4-2 原始圖

⋂ 圖 4-3 調整亮度與對比度　　　　　　⋂ 圖 4-4 調整後完成圖

色階指令可以調整影像中的陰影、中間調與亮部。調整介面如圖 4-5 所示。

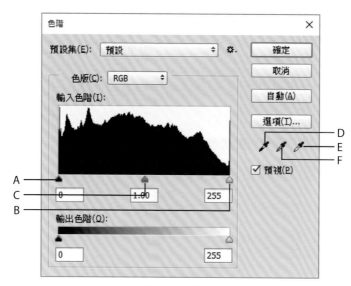

⋂ 圖 4-5 色階面板

A. 陰影滑桿可以設定最暗點，因此將陰影滑桿向右移動，會使影像中暗的地方越暗。

B. 亮部滑桿可以設定最亮點，因此將亮部滑桿向左移動，會使影像中亮的部分更亮。

C. 將中間調滑桿向右移動時，會增加中間調到陰影的色階，減少中間調到亮部的色階，因此影像就會整體變暗，反之則變亮。

D. 可以直接在影像中取樣來設定最暗點。

E. 可以直接在影像中取樣來設定最亮點。

F. 可以直接在影像中取樣來設定中間調。

開啟範例檔案 "影像 4-2.jpg"，如圖 4-6 所示。點選**影像**→**調整**→**色階**（Windows 快捷鍵 Ctrl+L、Mac 快捷鍵 Command+L），如圖 4-7。

⚫ 圖 4-6 原始圖

⚫ 圖 4-7 色階

透過觀察範例檔案的色階分布圖，發現亮部的色階資訊幾乎沒有，如圖 4-8 紅框處，因此將亮部滑桿向左移動，重新調整影像的最亮點，並微調陰影及中間調，來修正影像的色階資訊，如圖 4-9 所示，設定完後按下 "確定" 完成調整，調整後如圖 4-10 所示。

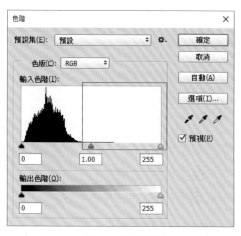
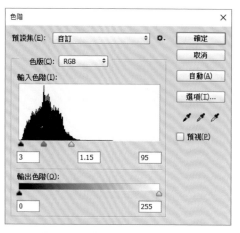

⚓ 圖 4-8 亮部資訊　　　　　　　　　⚓ 圖 4-9 設定亮點、陰影及中間調

⚓ 圖 4-10 調整後完成圖

TIPS

色階分布圖：圖 4-11~4-13 分別顯示曝光不足、曝光適度、曝光過度的圖示。

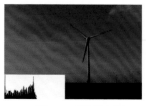

⚓ 圖 4-11 曝光不足　　　⚓ 圖 4-12 曝光適度　　　⚓ 圖 4-13 過度曝光

曲線指令可調整影像的色彩與色調，並可在曲線上增加控制點，做非常細微的
調整，其調整介面如圖 4-14 所示。

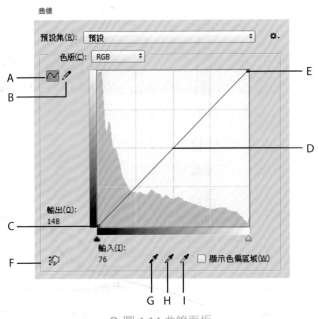

　　　　　　　　⬤ 圖 4-14 曲線面板

A. 以控制點來修改曲線。

B. 以手動繪製來修改曲線。

C. 可以調整影像的最暗點。

D. 可以調整影像的中間調。

E. 可以調整影像的亮部。

F. 可以直接在影像上調整，並增加控制點。

G. 可以直接在影像中取樣來設定最暗點。

H. 可以直接在影像中取樣來設定中間調。

I. 可以直接在影像中取樣來設定最亮點。

開啟範例檔案 "影像 4-3.jpg"，點擊**影像** → **調整** → **曲線**（Windows 快捷鍵 Ctrl+M、Mac 快捷鍵 Command+M），如圖 4-15 所示。

⋒ 圖 4-15 曲線

將曲線的中間調往左上拖曳，即可提高亮度，如圖 4-16 所示，而原始圖與調整後比較，則如圖 4-17~ 圖 4-18 所示。

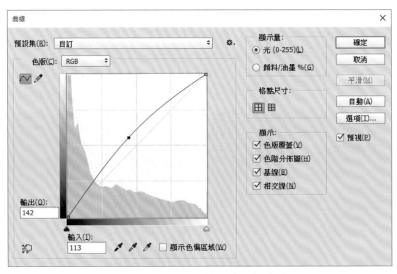

⋒ 圖 4-16 使用曲線提高影像亮度

⋒ 圖 4-17 原始圖

⋒ 圖 4-18 影像亮度提升

若將曲線的中間調往右下拖曳，即會使影像變得更暗，如圖 4-19 所示，而原始圖與調整後比較，則如圖 4-20~ 圖 4-21 所示。

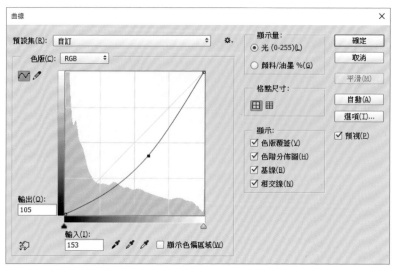

⋒ 圖 4-19 使用曲線使影像變暗

⋒ 圖 4-20 原始圖

⋒ 圖 4-21 影像變暗

使用曲線來增強影像對比度，此為常見的 "S" 曲線調整方式，如圖 4-22 所示，
而原始圖與調整後比較，則如圖 4-23~ 圖 4-24 所示。

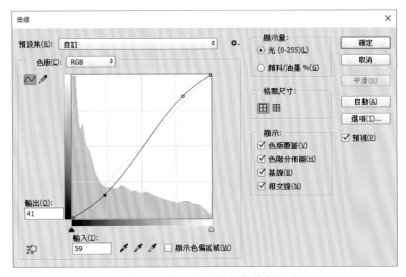

♠ 圖 4-22 使用曲線增加影像對比度

♠ 圖 4-23 原始圖

♠ 圖 4-24 影像對比度增強

曲線可對各個色版進行調整，可利用此方式來修正影像的色彩，或製作不同色
調的影像。

開啟範例檔案 "影像 4-4.jpg"，發現此影像偏黃，及亮度不足。因此將曲線的
中間調往左上拖曳，以提高影像的整體亮度，如圖 4-25。之後將曲線中的色版
切換為藍，將中間調往左上拖曳，如圖 4-26，設定完後按下 "確認" 完成調整，
而原始圖與調整後比較，則如圖 4-27~ 圖 4-28 所示。。

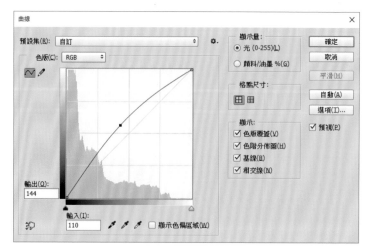

⌒ 圖 4-25 提升影像亮度

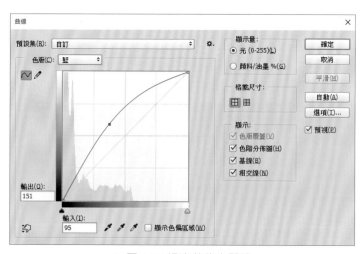

⌒ 圖 4-26 提高藍的中間調

⌒ 圖 4-27 原始圖

⌒ 圖 4-28 調整後

4.4 | 色相 / 飽和度

色相 / 飽和度指令中包含了 "色相"、"飽和度" 及 "明度",在 RGB 模式下透過這三個屬性相互的調整,理論上可以調出所有的顏色。其調整介面如圖 4-29 所示。

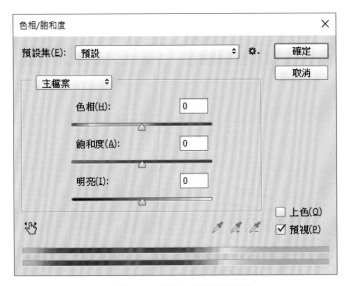

◑ 圖 4-29 色相 / 飽和度面板

開啟範例檔案 "影像 4-5.jpg",點擊**影像→調整→色相 / 飽和度**,(Windows 快捷鍵 Ctrl+U、Mac 快捷鍵 Command+U),如圖 4-30 所示。

◑ 圖 4-30 色相 / 飽和度

調整色相，可以直接轉換影像的整體顏色，如圖 4-31、4-32 所示。

● 圖 4-31 調整色相前

● 圖 4-32 色相設定成 +180

調整飽和度，將飽和度滑桿向右為增加飽和度，可以使影像變得更為艷麗，反之則越灰階，如圖 4-33、4-34。

● 圖 4-33 飽和度設定成 +100

● 圖 4-34 飽和度設定成 -100

明度則可控制影像整體色彩的明暗度，將明度滑桿向右則會增加影像色彩的明度，反之則降低，如圖 4-35、4-36。如果在 RGB 模式下將明度設定成 -100，則影像會呈現全黑的狀態，反之則呈現全白的狀態。

● 圖 4-35 明度設定成 +70

● 圖 4-36 明度設定成 -70

色相 / 飽和度不僅可以對整體影像做調整的動作，也可以針對影像中某個顏色來做調整，例如：只想要改變紅橋的顏色，但不想改變藍天的顏色，這時就可以將色相 / 飽和度面板中的 "主檔案" 選項，如圖 4-37 所示，改成 "紅色"，這項功能代表著接下來的調整動作只會影響到畫面中紅色的部分，其餘的色彩就不會被影響到，如圖 4-38。

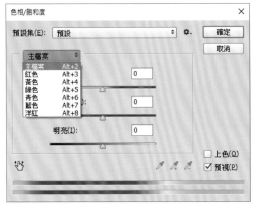

☝ 圖 4-37 將主檔案修改成紅色　　　　　☝ 圖 4-38 只改變橋的顏色

4.5　自然飽和度

自然飽和度指令可以快速調整影像的飽和度，將自然飽和度滑桿向右移動，會針對影像中飽和度較低的顏色對其增加飽和度，而影像中趨近於完全飽和的顏色就不會再增加飽和度，因此自然飽和度可以防止影像色彩出現過飽和的現象。

當覺得調整自然飽和度不夠時，可以直接調整飽和度，增強其效果，但如果飽和度調整過多時，則可能會造成影像失真過飽和的現象，其調整介面如圖 4-39。

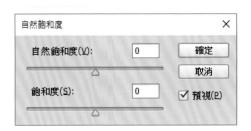

☝ 圖 4-39 自然飽和度面板

開啟範例檔案 "影像 4-6.jpg"，點擊**影像→調整→自然飽和度**，如圖 4-40 所示。

🎧 圖 4-40 自然飽和度

將自然飽和度滑桿向右移動，來增加影像的飽和度，使影像看起來更為鮮艷飽和，如圖 4-41、4-42 所示。

🎧 圖 4-41 調整前　　　　　　　🎧 圖 4-42 自然飽和度設定成 +100

如果飽和度滑桿向右移動，會大幅增加影像的飽和度，但仔細看影像中草地的部分就會呈現出過飽和不自然的狀態，如圖 4-43、4-44 所示。

🎧 圖 4-43 調整前　　　　　　　🎧 圖 4-44 飽和度設定成 +100

4.6 色彩平衡

色彩平衡指令能變更影像中的色彩組合,而可以針對影像的陰影、中間調及亮部分別作調整,來達到影像的色彩校正,或製作不同色彩的影像,其調整介面如圖 4-45 所示。

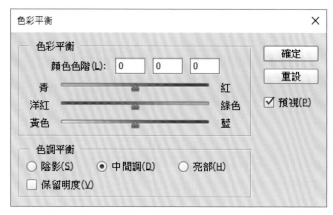

⋒ 圖 4-45 色彩平衡面板

色彩平衡的調整滑桿一共有三組,分別是青-紅、洋紅-綠色、黃色-藍,這些色彩是相互對應的,如果增加藍的部分,影像中黃的部分就會減少,增加洋紅,影像中的綠色就會減少,依此類推。

開啟範例檔案 "影像 4-7.jpg",點擊**影像→調整→色彩平衡**,(Windows 快捷鍵 Ctrl+B、Mac 快捷鍵 Command+B),如圖 4-46 所示。

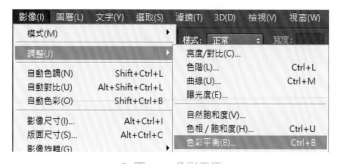

⋒ 圖 4-46 色彩平衡

常用的調整工具

4

4-15

使用色彩平衡指令調整影像的色偏，首先影像看起來有些偏黃，因此將中間調的"黃色－藍"滑桿調整至 +35 來增加藍色，並減少影像中的黃色，如圖 4-47、4-48。

⋒ 圖 4-47 調整前　　　　　　　　　　⋒ 圖 4-48 減少黃色後

調整完後發現影像還有些偏紅，因此將中間調的"青－紅"滑桿調整至 -35 來增加青色，並減少影像中的紅色，如圖 4-49。

⋒ 圖 4-49 色偏修正完成圖

黑白指令可以讓彩色的影像轉換為黑白，且可以針對影像中的個別色彩來調整轉換的方式，還可以對影像直接套用不同的彩色色調，其調整介面如圖 4-50 所示。

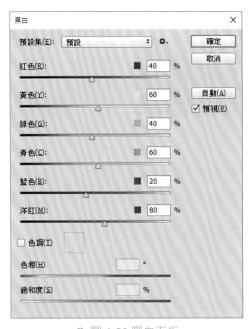

⊕ 圖 4-50 黑白面板

開啟範例檔案 "影像 4-5.jpg"，點擊**影像→調整→黑白**，（Windows 快捷鍵 Alt+Shift+Ctrl+B、Mac 快捷鍵 Option+Shift+Command+B），如圖 4-51 所示。

⊕ 圖 4-51 黑白

執行黑白指令的影像，如圖 4-52 所示，如果調整紅色的百分比數值，原影像中有紅色的部分皆會有所轉換，百分比越高時越接近白色，百分比越低時越接近黑色，如圖 4-53。

⋒ 圖 4-52 套用黑白指令　　　　　　⋒ 圖 4-53 套用黑白指令並將紅色增加至 100%

4.8　相片濾鏡

相片濾鏡指令，會在影像上覆蓋一層色彩，模擬相機的鏡頭裝上彩色濾鏡的效果。其調整面板有預設的濾鏡可以選擇，也可以自行調整想要的顏色，以及濃度百分比，其調整介面如圖 4-54 所示。

⋒ 圖 4-54 相片濾鏡面板

開啟範例檔案 "影像 4-8.jpg"，點擊**影像**→**調整**→**相片濾鏡**，如圖 4-55 所示。

⋒ 圖 4-55 相片濾鏡

設定濾鏡為"暖色濾鏡（85）"，濃度調整至 80%，即可改變影像的色調為暖色調，圖 4-56、4-57 為調整前後效果。

圖 4-56 原始圖

圖 4-57 暖色濾鏡

4.9　陰影 / 亮部

陰影 / 亮部指令是可以調整相片在拍攝時出現背後光源過強的功能，此功能根據陰影或亮部局部區域的明暗來做計算，使影像的局部區域變亮或變暗。因此，陰影和亮部有不同的控制項可以對影像分別進行變亮或變暗的工作，其調整介面如圖 4-58 所示。

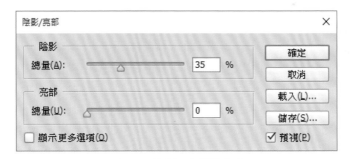

圖 4-58 陰影 / 亮部調整介面

開啟範例檔案"影像 4-9.jpg"，點擊**影像→調整→陰影 / 亮部**，如圖 4-59 所示。一開始預設的數值即會先自動調整影像中陰影的部分，如果覺得效果不明顯可以再自行增加百分比，圖 4-60 為原始圖，圖 4-61 原本的陰影部分變得更為清楚了。

影像(I) 圖層(L) 文字(Y) 選取(S) 濾鏡(T) 3D(D) 檢視(V) 視窗(W)

模式(M)	▶	模式: 正常	寬度:
調整(J)	▶	亮度/對比(C)...	
自動色調(N)	Shift+Ctrl+L	色階(L)...	Ctrl+L
自動對比(U)	Alt+Shift+Ctrl+L	曲線(U)...	Ctrl+M
自動色彩(O)	Shift+Ctrl+B	曝光度(E)...	
影像尺寸(I)...	Alt+Ctrl+I	自然飽和度(V)...	
版面尺寸(S)...	Alt+Ctrl+C	色相/飽和度(H)...	Ctrl+U
影像旋轉(G)	▶	色彩平衡(B)...	Ctrl+B
裁切(P)		黑白(K)...	Alt+Shift+Ctrl+B
修剪(R)...		相片濾鏡(F)...	
全部顯現(V)		色版混合器(X)...	
		顏色查詢...	
複製(D)...		負片效果(I)	Ctrl+I
套用影像(Y)...		色調分離(P)...	
運算(C)...		臨界值(T)...	
變數(B)	▶	漸層對應(G)...	
套用資料集(L)...		選取顏色(S)...	
補漏白(T)...		陰影/亮部(W)...	
分析(A)	▶	HDR 色調...	

⌃ 圖 4-59 陰影 / 亮部

⌃ 圖 4-60 調整前

⌃ 圖 4-61 調整後

CHAPTER 5

混合模式

內容導覽

本章節主要介紹六大混合模式，讓使用者能快速瞭解其混合模式的原理與用途，並製作不同影像合成的效果。

學習要點

◇ 正常系列

◇ 色彩增值系列

◇ 濾色系列

◇ 覆蓋系列

◇ 差異化系列

◇ 顏色系列

Photoshop 中圖層混合模式可以控制上下圖層相互影響的效果，並且可以應用到去背、材質合成、修圖等，種類分為六大系列，正常系列、色彩增值系列、濾色系列、覆蓋系列、差異化系列以及顏色系列，其全部的模式共多達 27 種，如圖 5-1 所示。以下內容會一一介紹各種模式的原理及用法。

5.1　正常系列

正常系列有正常與溶解兩種模式，正常模式為一般圖層模式，溶解模式則會以圖層半透明的部分隨機分布雜點呈現。

開啟範例檔案 "影像 5-1.jpg"，新增一圖層並填滿黑色，圖層的不透明度設定為 50%，並將混合模式改為溶解，其圖層排列如圖 5-2，完成結果如圖 5-3。

🎧 圖 5-2 圖層排列方式

🎧 圖 5-3 溶解效果

Photoshop 平面設計實戰—空間與建築合成精粹

色彩增值系列主要是去除影像中的亮部，留下影像中的暗部，而中間調的部分則會與下方圖層的色彩做結合，且此系列與白色混合怎不會產生任何變化。此系列一共有五種不同的模式，其效果如下列所示。

▶ 5.2.1 變暗

變暗會比較混合圖層與下方圖層的 RGB 三個色版的資訊，並選取出兩者之間數值較低的做為混合後的色彩。例如：混合圖層的某部分像素值為 R150、G80、B200；下層圖層為 R180、G10、B120，那麼運算後的混合色彩為 R150、G10、B120。

開啟範例檔案 "影像 5-2.PSD"，將混合圖層改為變暗模式，其效果如圖 5-4 所示。

❶ 圖 5-4 變暗

▶ 5.2.2 色彩增值

色彩增值的原理有點像是兩張幻燈片交疊在一起的感覺，其暗部交疊處會越深，並去除亮部，因此混合後的結果會比原來的色彩來得更深更暗，如果越疊越多層，則影像色彩會越來越深。

開啟範例檔案 "影像 5-2.PSD",將紋理圖層改為色彩增值模式,其效果如圖 5-5 所示,色彩增值模式很適合用來混合不同的紋理到影像上面,如果紋理太重則可提高紋理的亮度來減輕效果,如果紋理不夠清楚,則利用色階提高紋理黑與白的對比來增強效果。

▶ 5.2.3 加深顏色

加深顏色的原理跟色彩增值類似,但是最後呈現出來的效果以增強對比的方式混合色彩,因此暗的地方會越暗,若混合圖層的色彩為灰階,則會單純地將下方圖層變暗。

開啟範例檔案 "影像 5-3.PSD",將混合圖層改為加深顏色模式,其效果如圖 5-6 所示。

⋒ 圖 5-6 加深顏色

▶ 5.2.4 線性加深

線性加深的原理跟色彩增值類似，但是混合後的結果會比色彩增值效果來得更暗，可以說是色彩增值的增強版。開啟範例檔案 "影像 5-3.PSD"，將混合圖層改為線性加深模式，其效果如圖 5-7 所示。

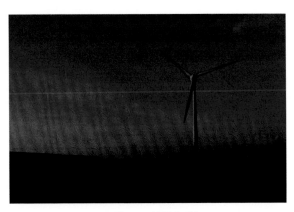

⋒ 圖 5-7 線性加深

▶ 5.2.5 顏色變暗

顏色變暗的原理會同時取消混合圖層與下方圖層的亮部，並且保留兩個圖層的暗部進行混合。

開啟範例檔案 "影像 5-3.PSD"，將混合圖層改為顏色變暗模式，其效果如圖 5-8 所示。

⋒ 圖 5-8 顏色變暗

混合模式

5

濾色系列主要是會去除影像中的暗部,留下影像中的亮部,而中間調的部分則依照深淺比例加亮,與色彩增值系列相反,此系列一共有五種不同的模式,其效果如下列所示。

▶ 5.3.1 變亮

變亮會比較混合圖層與下方圖層在 RGB 三個色版的資訊,並選取出兩者之間數值較高的做為混合後的色彩。例如:混合圖層的某部分像素質為 R150、G80、B200;下層圖層為 R180、G10、B120,那麼運算後的混合色彩為 R180、G80、B200,正好與變暗模式相反。

開啟範例檔案"影像 5-4.PSD",將混合圖層改為變亮模式,其效果如圖 5-9 所示。

⊙ 圖 5-9 變亮

▶ 5.3.2 濾色

濾色混合模式有如光線的感覺,不斷地將光線重疊,會越疊越亮,並去除影像中的暗部,因此混合後的結果則會比原來的更亮,正好與色彩增值相反。開啟範例檔案"影像 5-4.PSD",將混合圖層改為濾色模式,其效果如圖 5-10 所示。

⋒ 圖 5-10 濾色

▶ 5.3.3 加亮顏色

加亮顏色的原理跟濾色類似，但是最後呈現出來的效果以增強對比的方式混合色彩，因此亮的地方會越亮，若混合圖層的色彩為灰階，則會單純地將下方圖層變亮，正好與加深顏色相反。開啟範例檔案 "影像 5-4.PSD"，將混合圖層改為變亮模式，其效果如圖 5-11 所示。

⋒ 圖 5-11 加亮顏色

▶ 5.3.4 線性加亮（增加）

線性加亮的原理跟色彩增值類似，但是混合後的結果會比濾色效果來的更亮，可以說是濾色的增強版，正好與線性加深相反。

開啟範例檔案 "影像 5-4.PSD"，將混合圖層改為線性加亮（增加）模式，其效果如圖 5-12 所示。

混合模式

5

⊙ 圖 5-12 加亮顏色

▶ 5.3.5 顏色變亮

顏色變亮的原理會同時取消混合圖層與下方圖層的暗部，並且保留兩個圖層的亮部進行混合，正好與顏色變暗相反。開啟範例檔案 "影像 5-4.PSD"，將混合圖層改為顏色變亮模式，其效果如圖 5-13 所示。

⊙ 圖 5-13 顏色變亮

5.4　覆蓋系列

覆蓋系列主要是會去除影像中的中間調，留下影像中的亮部與暗部，可以說是色彩增值系列加上濾色系列的混合體，此系列一共有七種不同的模式，其效果如下列所示。

▶ 5.4.1 覆蓋

覆蓋模式會比較混合圖層及下方圖層的色彩，如果混合圖層比下方圖層的色彩暗的話，則會使用色彩增值模式，如果混合圖層比下方圖層的色彩亮的話，則會使用濾色模式，但會同時保留色彩的亮部及陰影，因此基本的色彩並不會被取代，會呈現原始色彩的明暗。

開啟範例檔案 "影像 5-5.PSD"，將混合圖層改為覆蓋模式，其效果如圖 5-14 所示。

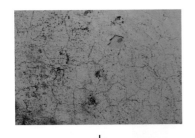
+

=

🎧 圖 5-14 覆蓋

▶ 5.4.2 柔光

柔光會比較混合圖層及下方圖層的色彩，如果混合圖層色彩值比 50% 的灰階明亮時，就會加亮下方圖層，如果混合圖層色彩值比 50% 的灰階暗時，就會加暗下方圖層。開啟範例檔案 "影像 5-5.PSD"，將混合圖層改為柔光模式，其效果如圖 5-15 所示。

🎧 圖 5-15 柔光

混合模式

5

5-9

▶ 5.4.3 實光

實光會比較混合圖層及下方圖層的色彩，如果混合圖層色彩值比 50% 的灰階明亮時，就會以濾色的方式使下方圖層變亮，如果混合圖層色彩值比 50% 的灰階暗時，就會以色彩增值的方式使下方圖層變暗，混合後的結果比柔光更為強烈。

開啟範例檔案 "影像 5-5.PSD"，將混合圖層改為實光模式，其效果如圖 5-16 所示。

⋔ 圖 5-16 實光

▶ 5.4.4 強烈光源

強烈光源會比較混合圖層及下方圖層的色彩，如果混合後的色彩比 50% 的灰階亮時，則會以加亮顏色進行混合，如果混合後的色彩比 50% 的灰階暗時，則會以加深顏色進行混合。

開啟範例檔案 "影像 5-5.PSD"，將混合圖層改為強烈光源模式，其效果如圖 5-17 所示。

⋔ 圖 5-17 強烈光源

▶ 5.4.5 線性光源

線性光源會比較混合圖層及下方圖層的色彩，如果混合後的色彩比 50% 的灰階亮時，則會以線性加亮進行混合，如果混合後的色彩比 50% 的灰階暗時，則會以線性加深進行混合。

開啟範例檔案 "影像 5-5.PSD"，將混合圖層改為線性光源模式，其效果如圖 5-18 所示。

↑ 圖 5-18 線性光源

▶ 5.4.6 小光源

小光源會比較混合圖層及下方圖層的色彩，如果混合後的色彩比 50% 的灰階亮時，則會以變亮進行混合，如果混合後的色彩比 50% 的灰階暗時，則會以變暗進行混合。

開啟範例檔案 "影像 5-5.PSD"，將混合圖層改為小光源模式，其效果如圖 5-19 所示。

↑ 圖 5-19 小光源

▶ 5.4.7 實色疊印混合

實色疊印混合會將混合圖層及下方圖層的色彩相加，如果數值大於或等於 255 時，其結果會以 255 呈現，如果小於 255 時，其結果會以 0 呈現，因此影像會呈現出高反差的效果。

開啟範例檔案 "影像 5-5.PSD"，將混合圖層改為實色疊印混合模式，其效果如圖 5-20 所示。

⚙ 圖 5-20 實色疊印混合

5.5　差異化系列

差異化系列會將混合圖層與下方圖層做相減的運算，會出現類似負片效果的感覺。

▶ 5.5.1 差異化

差異化會將混合圖層及下方圖層亮度值較大的來相減，與白色混合會將其下方圖層的色彩做反轉，就像負片效果一樣，與黑色混合不會有任何效果。

開啟範例檔案 "影像 5-6.PSD"，將混合圖層改為差異化模式，其效果如圖 5-21 所示。

　　　　　+
　　　　　=

⋒ 圖 5-21 差異化

▶ 5.5.2 排除

排除類似差異化，但對比度比差異化來得低很多。

開啟範例檔案 "影像 5-6.PSD"，將混合圖層改為排除模式，其效果如圖 5-22 所示。

⋒ 圖 5-22 排除

混合模式

5

▶ 5.5.3 減去

減去會將下方圖層的色彩資訊減掉混合圖層的色彩資訊。

開啟範例檔案 "影像 5-6.PSD"，將混合圖層改為減去模式，其效果如圖 5-23 所示。

↻ 圖 5-23 減去

▶ 5.5.4 分割

分割會將混合圖層的色彩資訊減掉下方圖層的色彩資訊。

開啟範例檔案 "影像 5-6.PSD"，將混合圖層改為分割模式，其效果如圖 5-24 所示。

↻ 圖 5-24 分割

顏色系列會使用色相、飽和度或顏色來運算混合圖層與下方圖層的混合效果。

▶ 5.6.1 色相

色相會將下方圖層轉換為灰階並套用混合圖層的色相。

開啟範例檔案"影像 5-7.PSD",新增圖層並填滿紅色(R255、G0、B0),並將混合模式設定為色相,其圖層排列如圖 5-25,完成結果如圖 5-26。

△ 圖 5-25 圖層排列方式

△ 圖 5-26 色相

▶ 5.6.2 飽和度

飽和度會將混合圖層的飽和度套用至下方圖層,當混合圖層飽和度越高時,下方圖層的飽和度則會越高,但不影響色相及亮度。

開啟範例檔案"影像 5-7.PSD",新增圖層並填滿紅色(R255、G0、B0),並將混合模式設定為色相,其效果如圖 5-27 所示。

△ 圖 5-27 飽和度

混合模式

5

▶ 5.6.3 顏色

顏色會將混合圖層的色相及飽和度套用至下方圖層,但不影響亮度。

開啟範例檔案 "影像 5-7.PSD",新增圖層並填滿紅色(R255、G0、B0),並將混合模式設定為色相,其效果如圖 5-28 所示。

⋒ 圖 5-28 顏色

▶ 5.6.4 明度

明度會將混合圖層的明度套用至下方圖層,但不會影響下方圖層的色相及飽和度。

開啟範例檔案 "影像 5-7.PSD",新增圖層並填滿紅色(R255、G0、B0),並將混合模式設定為色相,其效果如圖 5-29 所示。

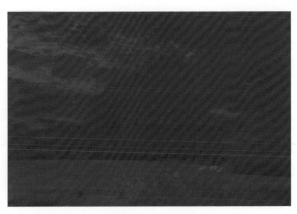

⋒ 圖 5-29 明度

Photoshop 平面設計實戰―空間與建築合成精粹

CHAPTER 6

濾鏡

內容導覽

濾鏡是一種外掛程式模組,能夠對影像中的像素進行操作,也可以模擬一些特殊的光源效果或帶有裝飾性的紋理效果。Photoshop 提供了各種濾鏡。使用這些濾鏡,使用者可以快速地製作出雲彩效果、馬賽克、模糊、素描、光源以及各種扭曲效果等。

學習要點

◇ 掌握濾鏡的基本使用方法

◇ 熟悉基本濾鏡的作用

◇ 掌握智慧濾鏡的使用方法

◇ 掌握特殊濾鏡的使用方法

◇ 掌握常用濾鏡的使用方法

6.1　火焰效果背景的製作（雲彩效果濾鏡的使用）

STEP 1　按 Ctrl+N 快捷鍵，在跳出「新增」對話視窗（如圖 6-1 所示）中，設定文件的高度為 12 公分，寬度為 18 公分，解析度為 200 像素 / 英吋，色彩模式為 RGB，背景內容為白色。

STEP 2　按 D 鍵，將工具箱中的前景色設定為黑色，背景色設定為白色，然後選擇**濾鏡**→**演算上色**→**雲彩效果**指令，效果如圖 6-2 所示。

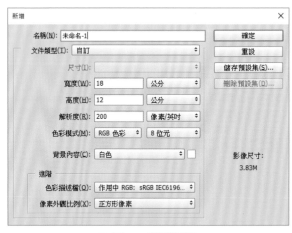

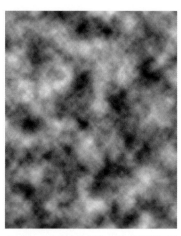

🔊 圖 6-1 新增圖層　　　　　　　　　　　🔊 圖 6-2 濾鏡演算上色雲彩效果

STEP 3　選擇**影像**→**模式**→**灰階**指令，跳出如圖 6-3 所示的提示資訊，按一下「放棄」按鈕。再選擇**影像**→**模式**→**索引色**指令，將影像轉化為索引模式。選擇**影像**→**模式**→**色彩表**指令，跳出「色彩表」選項設定面板（如圖 6-4 所示），從中選取顏色。

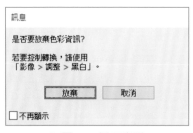

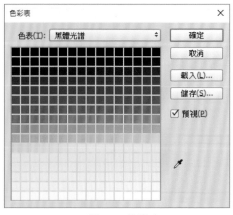

🔊 圖 6-3 提示資訊　　　　　　　　　　　🔊 圖 6-4 色彩表

STEP 4 設定完成後，按一下「確定」按鈕，製作出的火焰效果如圖 6-5 所示。

STEP 5 選擇**影像→模式→ RGB 色彩**指令，將畫面轉換為 RGB 模式，按一下工具箱中的指尖工具按鈕，其屬性欄中的參數設定尺寸為 100，模式為「正常」，強度為 70%，其指尖工具效果如圖 6-6 所示。

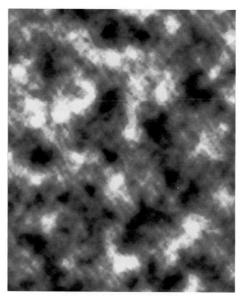

⋔ 圖 6-5 完成效果

⋔ 圖 6-6 指尖工具效果

STEP 6 選擇**影像→調整→色相/飽和度**指令，跳出「色相/飽和度」對話視窗，參數設計參考圖 6-7，然後按一下「確定」按鈕。

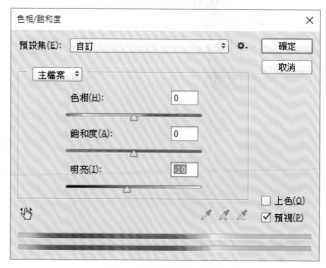

⋔ 圖 6-7 調整色相、飽和度

濾鏡

6

STEP 7 按一下工具箱中的筆刷工具，屬性設定如圖 6-8 所示，在畫面中的兩側及底部邊緣位置繪製一些黑色（如圖 6-9 所示），效果如圖 6-10 所示。

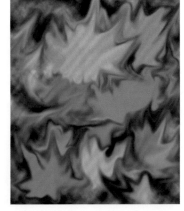

⋒ 圖 6-8 筆刷工具

⋒ 圖 6-10 調整後效果

⋒ 圖 6-9 選擇筆刷工具並進行設定

6.2　線性紋理的製作（增加雜訊、高斯模糊濾鏡工具的使用）

STEP 1 接上節，在圖層面板中新增一圖層「圖層 1」，將其填滿黑綠色（C:80, M:60, Y:60,K:60），如圖 6-11 所示。新增一圖層「圖層 2」，按一下工具箱中的矩形選取畫面工具，在畫面中繪製一個矩形區域，並填滿上白色，效果如圖 6-12 所示。

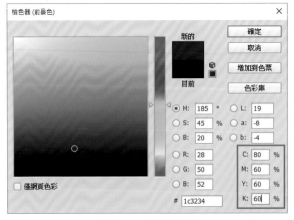

⋒ 圖 6-11 選擇顏色

⋒ 圖 6-12 新增圖層完成效果

Photoshop 平面設計實戰─空間與建築合成精粹

選擇**濾鏡**→**雜訊**→**增加雜訊**指令，跳出「增加雜訊」對話視窗，參數設定如圖 6-13 所示。效果如圖 6-14 所示。

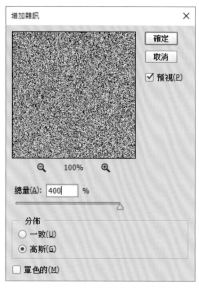

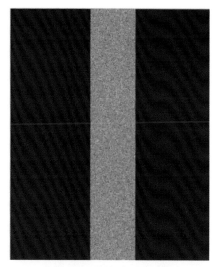

⋒ 圖 6-13 使用濾鏡增加雜訊　　　　　　⋒ 圖 6-14 增加雜訊後效果

STEP 3　按 Ctrl+T 快捷鍵，增加變形框，將滑鼠游標放在變形框右側的控制點上（如圖 6-15 所示），進行雜訊調整，按下滑鼠左鍵向右拖曳。最終效果如圖 6-16 所示。

⋒ 圖 6-15 調整雜訊　　　　　　　　⋒ 圖 6-16 繼續調整雜訊

STEP 4 利用此方法，將增加雜訊後的選取範圍拖曳調整成與畫面相同的大小，按 Enter 鍵，確定選取範圍的變形。利用工具箱中的矩形選取畫面工具，在畫面中間位置繪製一個矩形區域（如圖 6-17 所示），對雜訊進行調整，用與上面相同的方法，將選取範圍中的圖形拖大變形，最終效果如圖 6-18 所示。

⊕ 圖 6-17 調整雜訊　　　　　　　　　　⊕ 圖 6-18 調整好的效果

STEP 5 選擇**選取→顏色範圍**指令，跳出「顏色範圍」對話視窗，設定如圖 6-19 所示。按一下「確定」按鈕，增加選取範圍後的畫面效果如圖 6-20 所示。

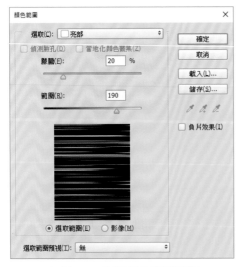

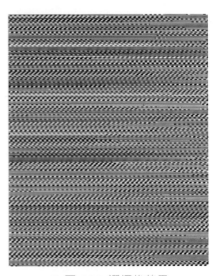

⊕ 圖 6-19 利用顏色選擇選取　　　　　　⊕ 圖 6-20 選擇後效果

STEP 6 連續按 3 次 Delete 鍵，刪除選擇區域中的圖形，取消選取範圍並選擇**影像→調整→色相 / 飽和度**指令，跳出「色相 / 飽和度」對話視窗，設定如圖 6-21 所示。

STEP 7 參數設定完成後，按一下「確定」按鈕，調整色相、飽和度和明度後的效果如圖 6-22 所示。

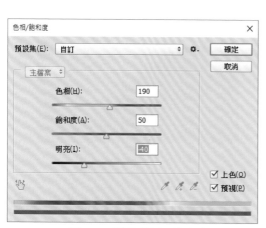

△ 圖 6-21 調整色相 / 飽和度

△ 圖 6-22 調整後效果

STEP 8 選擇**選取→顏色範圍**指令，跳出「顏色範圍」對話視窗，選項設定如圖 6-23 所示，按一下「確定」按鈕，將增加的選取範圍填滿白色，效果如圖 6-24 所示。

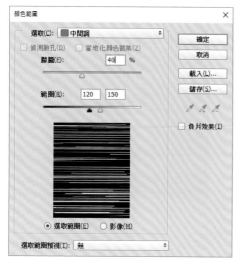

△ 圖 6-23 利用顏色選擇選取範圍

△ 圖 6-24 選擇後效果

濾鏡

6

STEP 9 取消選取範圍，選擇**濾鏡→模糊→高斯模糊**指令，參數設定如圖 6-25 所示，按一下「確定」按鈕，效果如圖 6-26 所示。

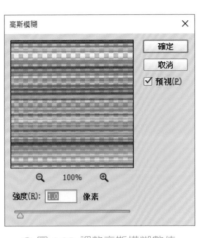

🎧 圖 6-25 調整高斯模糊數值　　　　🎧 圖 6-26 調整完成後效果

6.3 「X」字體設計

STEP 1 接上節，在圖層面板中將「圖層 2」與「圖層 1」合併，按一下工具箱中的筆型工具，在畫面中沿畫面的左側位置繪製封閉的路徑（如圖 6-27 所示）。打開路徑面板，按一下 ▣ 按鈕，將選取範圍反轉選取，刪除此圖層所選取範圍域（如圖 6-28 所示）。將圖層 1 進行水平翻轉複製，得到如圖 6-29 所示的效果。

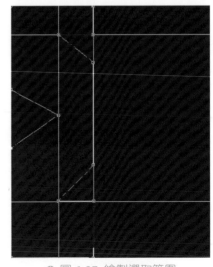

🎧 圖 6-27 繪製選取範圍

圖 6-28 刪除選取範圍　　　　　　　　圖 6-29 刪除後效果

STEP 2　新增一新圖層「圖層 2」，按一下工具箱中的筆型工具，繪製出如圖 6-30 所示的封閉路徑，使用與上面相同的方法，將路徑轉化為選取範圍，然後將區域內填滿為白色，效果如圖 6-31 所示。

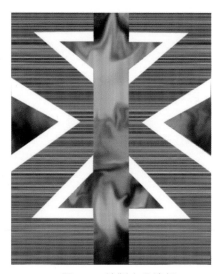

圖 6-30 繪製封閉路徑　　　　　　　　圖 6-31 繪製白色邊框

濾鏡

6

STEP 3 選擇**濾鏡→雜訊→增加雜訊**指令，跳出「增加雜訊」對話視窗，參數設定如圖 6-32 所示，按一下「確定」按鈕，效果如圖 6-33 所示。

△ 圖 6-32 增加雜訊

△ 圖 6-33 增加雜訊完成後效果

STEP 4 按一下工具箱中的 ⬚ 按鈕，在畫面中繪製如圖 6-33 所示的選擇區域。選擇**影像→調整→色相 / 飽和度**指令，跳出「色相 / 飽和度」對話視窗，參數設定如圖 6-34 所示。

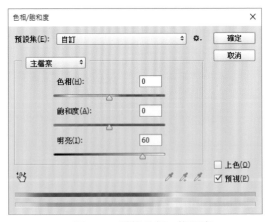

△ 圖 6-34 調整色相 / 飽和度

STEP 5 參數設定完成後，按一下「確定」按鈕，調整色相 / 飽和度。將工具箱中的前景色設定為白色，按一下工具箱中的筆刷工具，其筆刷大小設定為 100 像素。按一下工具箱中的 ⬚ 按鈕，在畫面中繪製一個選取範圍，然後將「圖層 2」鎖定透明，利用設定的筆刷將畫面繪製成如圖 6-35 所示的效果。

STEP 6 利用同樣方法，將畫面中的其他位置的雜訊圖形繪製上白色，效果如圖 6-36 所示。

△ 圖 6-35 完成反光效果

△ 圖 6-36 最終完成反光效果

6.4　人物的增加及發射光線製作

STEP 1 打開素材檔案，如圖 6-37 和圖 6-38 所示。

△ 圖 6-37 原始素材 1

△ 圖 6-38 原始素材 2

濾鏡

6

STEP 2 按一下工具箱中的  按鈕，將打開的人物圖片分別移動並複製到海報的畫面中（如圖 6-39 所示），調整適當大小後，放置到兩個矩形圖形的中間位置，然後將其產生的圖層放置到「圖層 1」的下面（如圖 6-40 所示）。

⋒ 圖 6-39 置入人物原始圖

⋒ 圖 6-40 調整人物素材圖

STEP 3 按 Ctrl+N 快捷鍵，新增檔案，參數設定如圖 6-41 所示。

STEP 4 在圖層面板中新增一個新的圖層「圖層 1」，將工具箱中的前景色設定為白色，按一下工具箱中的筆刷工具，設定合適的筆刷大小，在畫面中繪製出如圖 6-42 所示的線條圖。

⋒ 圖 6-41 新增頁面

⋒ 圖 6-42 利用筆刷繪製線條

STEP 5 選擇**濾鏡**→**模糊**→**放射狀模糊**指令，跳出「放射狀模糊」對話視窗，參數設定如圖 6-43 所示，按一下「確定」按鈕，放射狀模糊後的效果如圖 6-44 所示。

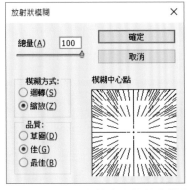

🎧 圖 6-43 使用濾鏡中的放射狀模糊　　　　🎧 圖 6-44 完成後效果

STEP 6 連續按 3 次鍵盤中的 **Ctrl+F** 鍵，重複執行放射狀模糊指令。利用工具箱中的 ⬚ 按鈕，將繪製完成的白色光線移動到畫面中，放置到如圖 6-45 所示的位置。由於光線邊緣存在看起來不夠柔和且較生硬的畫面，所以需要將光線進行柔和處理。

🎧 圖 6-45 將繪製的發光圖層進行合成

STEP 7 按一下工具箱中的橡皮擦工具，屬性欄中的設定如圖 6-46 所示，將光線用橡皮擦工具擦除，使其邊緣變得柔和，並且將光線的位置及角度用 **Ctrl+T** 快捷鍵進行調整。

🎧 圖 6-46 橡皮擦工具設定

STEP 8 在圖層面板中，選取人物所在的圖層，分別置為工作層，按 Delete 鍵，將隱藏在矩形後面的人物圖片進行刪除，並取消選取範圍。將人物圖層置為目前層，按住 Ctrl 鍵並按一下「圖層」，選取人物，如圖 6-47 所示。

STEP 9 將人物圖層設為目前圖層，按一下工具箱中的橡皮擦工具，設定合適的參數後，將選取範圍中的白色光線進行柔滑處理。利用同樣的方法，將後面的人物選取，並將其上的白色光線進行修剪處理，最後完成效果如圖 6-48 所示。

⚲ 圖 6-47 選擇人物素材

⚲ 圖 6-48 最後完成效果

CHAPTER 7

景觀模擬圖後製合成技巧

內容導覽

瞭解景觀模擬圖的後製內容：輸出影像、構圖、軟質景觀、硬質景觀、建築、裝飾配景等；掌握一般模擬圖後製的製作思路：分析輸出原圖→確定影像像素→渲染流程→整體風格調整。

學習要點

- ◈ 熟練掌握景觀模擬圖後製中Photoshop常用工具的渲染技法
- ◈ 後製渲染整體氣氛的掌握

平面彩色效果圖簡稱平彩圖，它是景觀設計方案的重要組成的一部分，AutoCAD 和 Photoshop 是平彩圖的主要繪製軟體。AutoCAD 主要用於繪製平彩圖填滿的線性邊界，Photoshop 主要用來分層繪製圖層樣式，後製影像完成合成。相比之下，前者更理性，後者更感性。用 AutoCAD 和 Photoshop 來繪製平彩圖是景觀設計相關專業從業人員進行專案設計平面表現的基本能力。本章將以設計案例的方式，更直觀、系統地介紹平彩圖的繪製流程和後製合成技巧。

▶ 7.1.1 平面圖的分析階段

平彩圖的製作首先應該分析設計方案的整體佈局和功能分區，瞭解設計方案的各個景觀元素之間的關係，從而確定景觀設計方案的設計理念和設計方法，完成使平彩圖的實用性與審美性達到一致性。

1 · 開啟 CAD 檔案

STEP **1** 啟動 AutoCAD 中文版軟體。

STEP **2** 選擇功能表列中的**檔案→開啟舊檔**，打開「廣場設計平面圖」，如圖 7-1 所示。

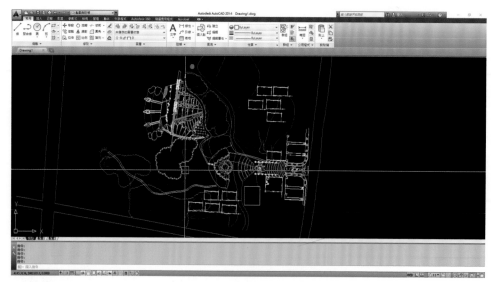

⊕ 圖 7-1 廣場設計平面圖

2 · 分析 CAD 檔

透過 AutoCAD 平面圖，可以瞭解繪製的廣場設計的空間序列，對軟質景觀和硬質景觀進行大致認識，進一步認識到各景觀設計項目的組合關係。

▶ 7.1.2 AutoCAD 檔的轉換輸出

將 AutoCAD 檔列印出不同格式的影像檔，再匯入到 Photoshop 中進行後製。在廣場平彩圖的繪製案例中，將採用虛擬列印法進行講解，這種方法在實際操作中較常用，也可以得到理想精確的影像。

1 · 安裝虛擬印表機驅動

虛擬印表機是用來將 AutoCAD 圖形轉換成其他檔案格式的程式。在本製作中，採用 Adobe PostScript Level 1，輸出為 EPS 格式，它是 Adobe 的一種圖形格式，可以在 Photoshop 等影像處理類軟體中打開。在 AutoCAD 中，選擇**檔案→繪圖器管理器**指令，然後按兩下「新增繪圖機精靈」，按一下「下一步」按鈕，直到跳出如圖 7-2 所示的對話方塊。

△ 圖 7-2 增加繪圖器（一）

繼續按一下「下一步」按鈕，直到出現如圖 7-3 所示的對話方塊，然後按一下「完成」按鈕。

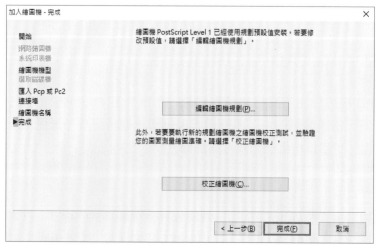

圖 7-3 增加繪圖器（二）

2・設定佈局列印

選擇功能表**檔案→列印**指令，在跳出如圖 7-4 所示的對話方塊中進行虛擬列印。在本例中選擇圖紙尺寸為 A3，是讓圖紙匯入 Photoshop 後更清晰。列印範圍選擇視窗、置中列印。然後將檔案儲存至相應的位置，可得到 EPS 格式。

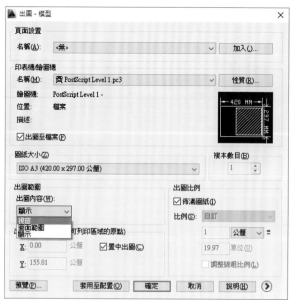

圖 7-4 列印設定

▶ 7.1.3 影像檔匯入 Photoshop 中分層處理

STEP 1　啟動 Photoshop CS6。

STEP 2　選擇功能表**檔案→開啟舊檔**指令，打開已經儲存好的「廣場設計平面圖 -Model」檔，解析度為 300 像素，模式為 CMYK，如圖 7-5 所示。效果如圖 7-6 所示。

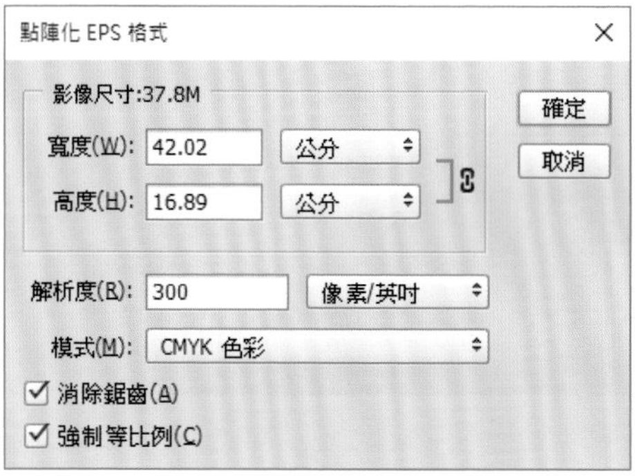

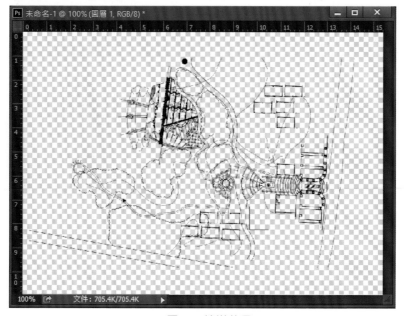

圖 7-5 點陣化設定 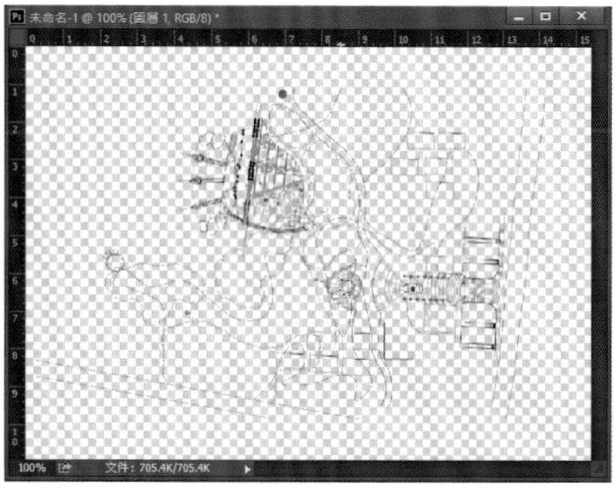　　　　　　　　　　　　圖 7-6 匯入檔

STEP 3　按一下鎖定背景圖層，按 Alt+Delete 快捷鍵，連續兩次填滿黑色，調整圖形於合適位置，效果如圖 7-7 所示。

圖 7-7 填滿效果

用裁切工具裁切版面，效果如圖 7-8 所示。

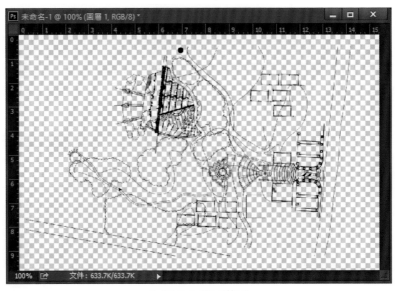

⚘ 圖 7-8 裁切效果

STEP 5 選擇工具箱中的魔術棒工具。在其屬性欄中將容許度調整為 0 像素，並取消連續的選項，如圖 7-9 所示，選擇「增加至選取範圍」。

⚘ 圖 7-9 魔術棒工具設定

STEP 6 在影像的空白處按一下滑鼠，此時透明區域全部選中。將滑鼠停留在白色空白處，按快速鍵 Ctrl+Shift+I，執行反轉選取指令。然後按 Ctrl+J 快捷鍵，此時圖層面板中生成一個新的圖層「圖層 1」，如圖 7-10 所示。在圖層名稱上按兩下滑鼠，將圖層名改為「線性輪廓」。

⚘ 圖 7-10 新圖層

STEP 7 選擇功能表**檔案**→**另存新檔**指令，將檔案另存為「廣場平面圖 .psd」檔案。

▶ 7.1.4 廣場軟質景觀綠化處理

STEP 1 為了方便檢視，先建白底圖層，如圖 7-11 所示。

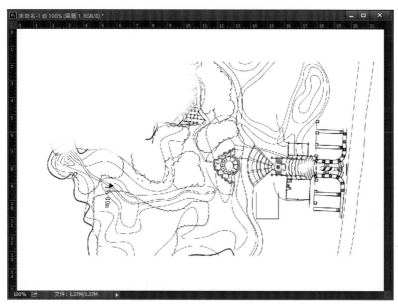

↻ 圖 7-11 白底圖層

STEP 2 增加邊界框圖層，填滿色彩為黑色，結果如圖 7-12 所示。

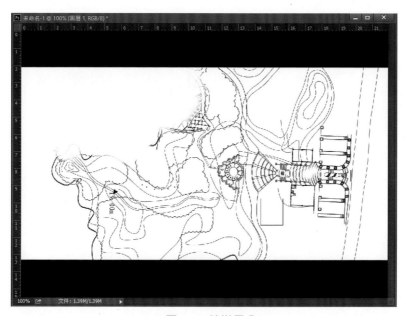

↻ 圖 7-12 填滿黑色

草坪製作。利用魔術棒工具確定草坪的透明區域，新建圖層命名為「草坪」，為其作一個漸層填滿，從選中區域右下角到左上角拖曳，並利用橡皮擦工具擦去不需要的部分，結果如圖 7-13 所示。

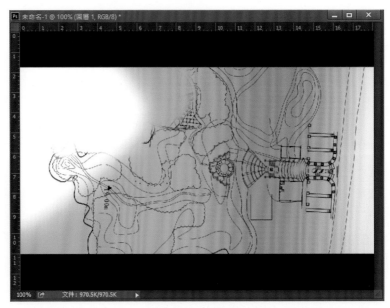

⋒ 圖 7-13 草坪

STEP **4** 使用漸層工具拉出綠色的線性漸層效果，並調整位置、色彩、透明度等，結果如圖 7-14 所示。

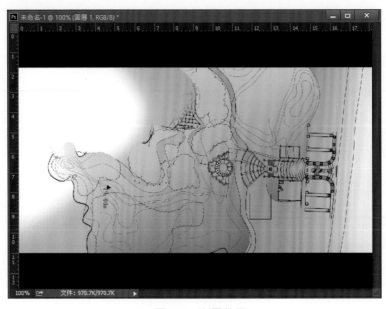

⋒ 圖 7-14 漸層效果

STEP 1 打開廣場道路鋪裝圖樣紋理,如圖 7-15 所示。

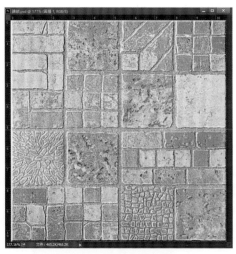

⋔ 圖 7-15 圖樣紋理

STEP 2 定義填滿圖樣。選擇功能表**編輯**→**定義圖樣**指令,在跳出的對話方塊中定義圖樣名稱為「鋪裝」,如圖 7-16 所示。

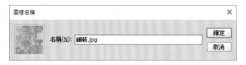

⋔ 圖 7-16 定義圖樣名稱

STEP 3 用魔術棒工具選取要填滿的區域,新建圖層名為「鋪裝」,選擇功能表**編輯**→**填滿**指令或按 Shift+F5 快捷鍵,效果如圖 7-17 所示。

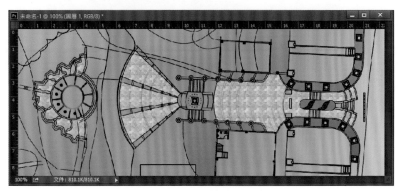

⋔ 圖 7-17 填滿效果

景觀模擬圖後製合成技巧

7

7-9

填滿廣場色彩，調整參數如圖 7-18 和圖 7-19 所示。結果如圖 7-20 所示。

↑ 圖 7-18 色彩調整（一）　　　　↑ 圖 7-19 色彩調整（二）

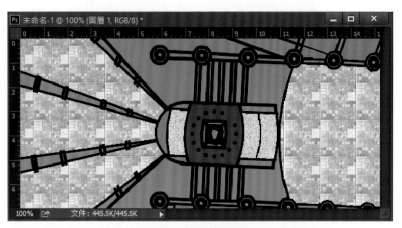

↑ 圖 7-20 填滿色彩

STEP 5 繼續填滿其他部分，結果如圖 7-21 所示。

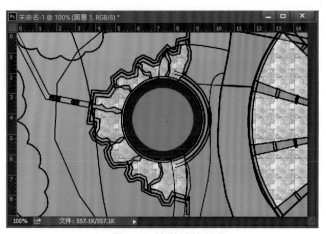

↑ 圖 7-21 填滿其他部分

STEP 6 打開需要合成的
花圃，如圖 7-22 所示。

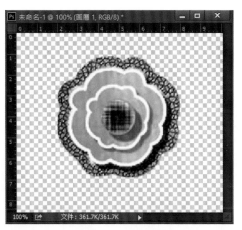

🔊 圖 7-22 花圃

STEP 7 合成花圃後的效
果如圖 7-23 所示。

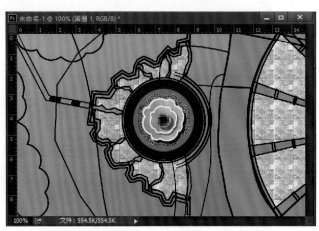

🔊 圖 7-23 合成花圃

STEP 8 鋪裝線的調整。
選擇需要填滿部分，填
滿黑色，設定圖層樣
式，如圖 7-24 所示。

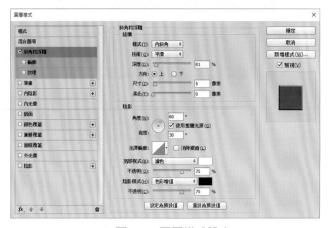

🔊 圖 7-24 圖層樣式設定

景觀模擬圖後製合成技巧

7

廣場效果如圖 **7-25** 所示。

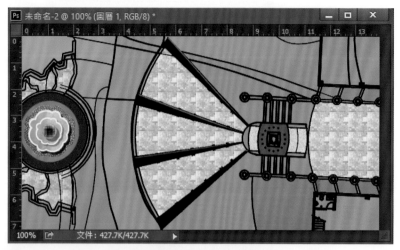

⋒ 圖 7-25 廣場效果

STEP 10 廣場整體效果如圖 **7-26** 所示。

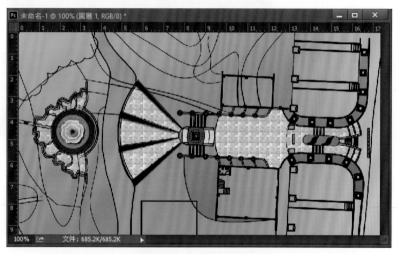

⋒ 圖 7-26 整體效果

▶ 7.1.6 環境配景處理

STEP 1 合成建築,如圖 **7-27** 所示。

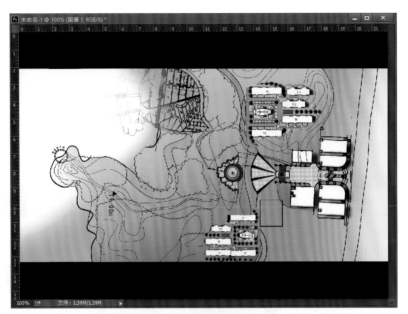

STEP 2　製作水，利用線性漸層、橡皮擦、加亮加深等工具，效果如圖 7-28 所示。

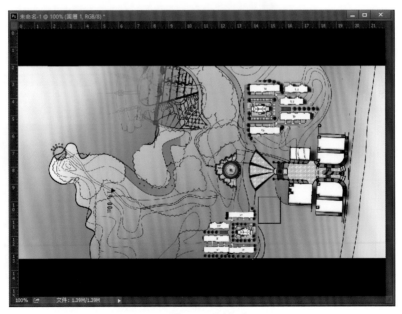

○ 圖 7-28 製作水

STEP 3 道路的填滿色彩參數如圖 7-29 所示。道路的填滿效果如圖 7-30 所示。

⌒ 圖 7-29 道路填滿色彩參數

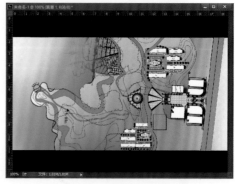

⌒ 圖 7-30 道路填滿效果

STEP 4 合成樹木，如圖 7-31 所示。

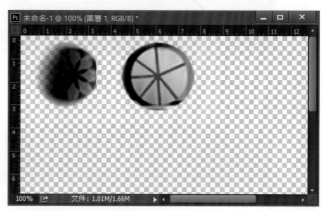

⌒ 圖 7-31 合成樹木

STEP 5 樹木合成的最後效果如圖 7-32 所示。

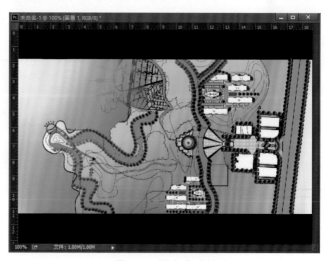

⌒ 圖 7-32 樹木合成效果

增加文字，合成汽車後，調整廣場整體效果，按 Ctrl+Shift+Alt+E 快捷鍵合併圖層，完成效果如圖 7-33 所示。

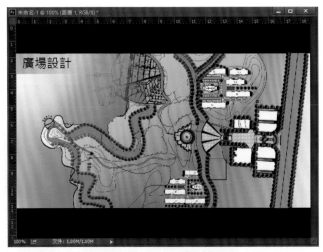

⊙ 圖 7-33 完成效果

7.2　景觀透視模擬圖後製處理

▶ **7.2.1 景觀透視圖的分析階段**

景觀立面圖效果圖的製作是瞭解景觀立面垂直空間的地形與地勢變化的一個好途徑，可以更清晰地認識到各景觀元素之間的空間關係，認識到景觀立面圖效果圖的層次性、結構性等特徵。

1‧開啟 3ds Max 輸出的影像檔

STEP 1　啟動 Photoshop 軟體。

STEP 2　選擇功能表 **檔案→開啟舊檔** 指令，打開「效果圖 01」。

2‧分析「效果圖 01」檔

透過閱讀景觀透視圖，可以瞭解到本方案是大學校門，根據要求的整體風格定位風景園林式大學，「效果圖 01」選擇相機，確定合適的角度，完成輸出透視圖。

景觀模擬圖後製合成技巧

7

▶ 7.2.2 3ds Max 檔的轉換輸出

由於軟體的不同，軟體所支援檔案格式也相對不同，要想得到理想的影像檔，要學會必要的軟體格式的相互轉換。從 3ds Max 檔影像檔轉換到 Photoshop 支援的影像檔一般是使用點陣圖檔，本案採用 JPEG 格式檔。

▶ 7.2.3 影像檔匯入 Photoshop 中分層處理

STEP 1 啟動 Photoshop CS6。

STEP 2 選擇功能表**檔案** →**開啟舊檔**指令，打開已經渲染好的「建築景觀效果圖 01」檔，如圖 7-34 所示。

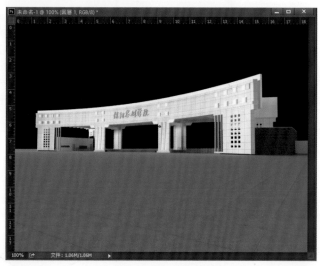

⊙ 圖 7-34 打開檔案

STEP 3 按兩下圖層鎖定按鈕，把圖層解鎖。選擇工具箱中的魔術棒工具，在其屬性欄中將其容許度調整為 0 像素，選擇黑色背景部分，然後將其刪除，如圖 7-35 所示。

⊙ 圖 7-35 調整檔案

STEP 4 將「圖層 0」改為「建築地面」並複製，產生新的「建築地面 拷貝」，以備之後使用。

STEP 5 選擇功能表**檔案→另存新檔**指令，將檔案另存為「效果圖 01.psd」檔案。

▶ 7.2.4 環境景觀的處理

STEP 1 天空的製作。打開一張合適的天空圖片，把圖片合成到「效果圖 01」中，如圖 7-36 所示。

☊ 圖 7-36 天空檔案

STEP 2 裁切版面，把天空縮放並移動到合適的位置，然後複製出三個天空圖層，並調整透明度為「85」，效果如圖 7-37 所示。

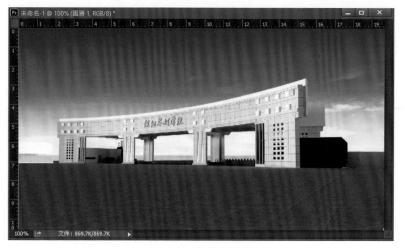

☊ 圖 7-37 合成天空效果

▶ 7.2.5 軟質景觀的處理

STEP 1 合成適合本建築景觀的樹木，如圖 7-38 所示。

🔊 圖 7-38 合成樹木

STEP 2 輔助移動、任意變形、橡皮擦、曲線、色階、加亮加深等工具，調整樹木的方向、大小、位置、透明度等，使其融入本建築景觀中。效果如圖 7-39 所示。

🔊 圖 7-39 調整樹木

合成其他植物,如圖 7-40 所示。

⋒ 圖 7-40 合成其他植物

STEP 4　使用移動、任意變形、橡皮擦等工具,調整樹木的方向、大小、位置、透明度等。效果如圖 7-41 所示。

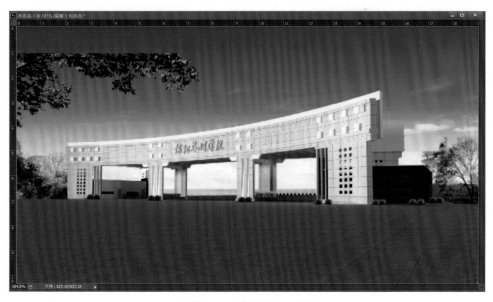

⋒ 圖 7-41 調整樹木、植物

景觀模擬圖後製合成技巧

7

7-19

STEP 1 人物、汽車合成,如圖 7-42 所示。

🎧 圖 7-42 人物、汽車合成

STEP 2 使用移動、任意變形、橡皮擦等工具,調整樹木的方向、大小、位置、透明度等,如圖 7-43 所示。

🎧 圖 7-43 樹木調整

STEP 3 增加附屬建築，如圖 7-44 所示。

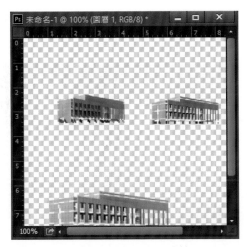

↑ 圖 7-44 增加附屬建築

STEP 4 使用移動、任意變形、橡皮擦等工具，調整樹木的方向、大小、位置、透明度等，如圖 7-45 所示。

↑ 圖 7-45 樹木調整

STEP **1** 版面處理，如圖 7-46 所示。

⋂ 圖 7-46 版面處理

STEP **2** 統一調整圖層，如圖 7-47 ～圖 7-50 所示。

⋂ 圖 7-47 圖層調整 （一）　　⋂ 圖 7-48 圖層調整 （二）　　⋂ 圖 7-49 圖層調整 （三）　　⋂ 圖 7-50 圖層調整 （四）

按 Ctrl+Shift+Alt+E 快捷鍵，合併圖層，完成效果如圖 7-51 所示。

🎧 圖 7-51 完成效果

7.3　景觀立面模擬圖後製處理

▶ 7.3.1 立面圖的分析階段

景觀立面圖效果圖的製作是瞭解景觀立面垂直空間的地形地勢變化一個好途徑，可以清晰地認識到各景觀元素之間的垂直空間關係，認識景觀立面圖效果圖的層次性、結構性等特徵。

1‧閱讀 CAD 檔案

STEP 1　啟動 AutoCAD 軟體。

STEP 2　選擇功能表**檔案→開啟舊檔**指令，打開「CAD 檔案」中的「潳河上游休閒景觀區立面圖」，如圖 7-52 所示。

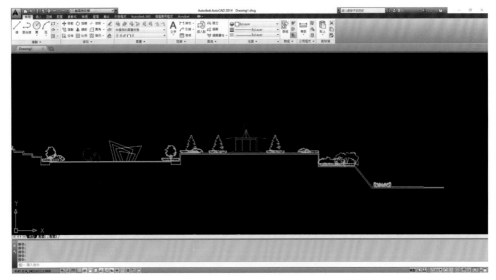

2‧分析 CAD 檔

透過閱讀 AutoCAD 立面圖,可以瞭解繪製的該景觀設計的垂直空間序列、地形地勢等特徵,認識到各景觀設計項目的關係。

▶ 7.3.2 AutoCAD 檔的轉換輸出

透過增加虛擬印表機,將 AutoCAD 檔列印出不同格式的影像檔,再匯入到 Photoshop 中進行處理。這種方法在實際工作中較常用,可以較好地達到理想的精度要求,同時儲存線的粗細關係。

輸出過程在平彩圖製作中已詳解,在繪製實例中將採用虛擬列印法進行,在此不再贅述。輸出檔案名為「澌河上游休閒景觀區立面圖 -Model」。

▶ 7.3.3 影像檔匯入 Photoshop 中分層處理

STEP 1 啟動 Photoshop CS6。

STEP 2 選擇功能表**檔案**→**開啟舊檔**指令,打開「方案澌河上游休閒景觀區立面圖 -Model」檔,如圖 7-53 所示。

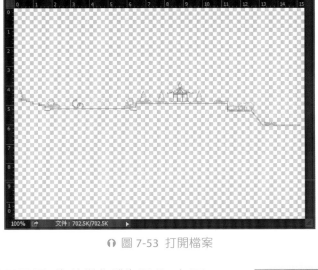

（∩）圖 7-53 打開檔案

STEP 3 鎖定背景圖層，為填滿物體為黑色，如圖 7-54 所示。

（∩）圖 7-54 填滿背景

STEP 4 為鎖定物體填滿黑色，如圖 7-55 所示。

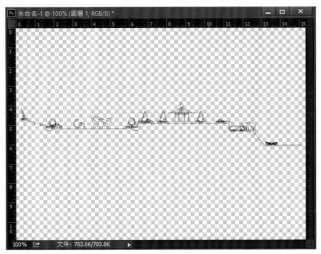

（∩）圖 7-55 填滿物體

STEP 5 為了使構圖更合理，用裁切工具裁切版面，結果如圖 7-56 所示。

⋂ 圖 7-56 裁切版面

STEP 6 選擇功能表**檔案**→**另存新檔**指令，將檔案另存為「方案溮河上游休閒景觀區立面圖 .psd」檔案。

▶ 7.3.4 為主題景觀填滿色彩

STEP 1 用魔術棒工具選取倒立梯形造型，填滿紅色，圖層樣式為斜面和浮雕，如圖 7-57 所示。另外，交叉部分填滿黃色，完成效果如圖 7-58 所示。

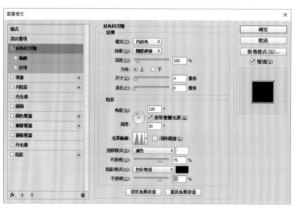

⋂ 圖 7-57 斜面和浮雕

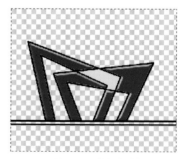

⋂ 圖 7-58 魔術棒效果

STEP 2 圓形造型填滿色彩為藍黃藍漸層，滑鼠拖曳方向為左上角至右下角，如圖 7-59 所示。

⋒ 圖 7-59 圓形造型填色

STEP 3 漸層效果加圖層浮雕效果，如圖 7-60 所示。

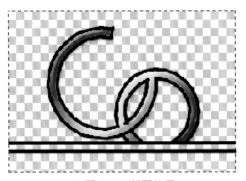

⋒ 圖 7-60 漸層效果

STEP 4 製作涼亭。涼亭頂部用魔術棒工具選中，填滿紅色參數，增加圖層樣式斜面和浮雕，如圖 7-61 所示。

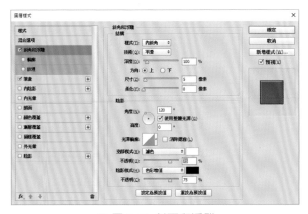

⋒ 圖 7-61 斜面和浮雕

STEP 5 涼亭頂部填滿紅色部分，再增加圖層樣式筆畫色彩為黃色，如圖 7-62 所示。

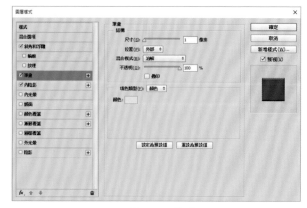

⋂ 圖 7-62 筆畫

STEP 6 製作台階和柱子。填滿為灰色，圖層樣式為內光暈，如圖 7-63 所示。

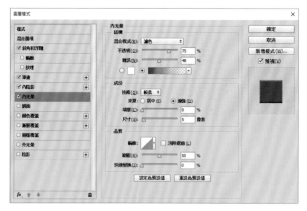

⋂ 圖 7-63 內光暈

STEP 7 涼亭完成效果如圖 7-64 所示。

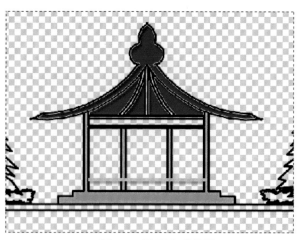

⋂ 圖 7-64 涼亭完成效果

▶ 7.3.5 立面軟質景觀的處理

STEP 1 松樹和綠色植物著
色。用魔術棒工具選取要填
滿的物體,為其填滿為翠綠
色,效果如圖 7-65 所示。

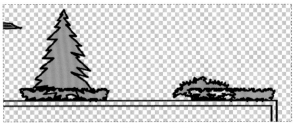

⋒ 圖 7-65 著色

STEP 2 合成樹木,效果如圖
7-66 所示。

⋒ 圖 7-66 合成樹木

STEP 3 利用移動、縮放、加亮加深、橡皮擦等工具,使樹木與整體景觀融為一
體。效果如圖 7-67 所示。

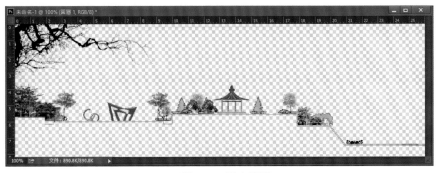

⋒ 圖 7-67 樹木調整

景觀模擬圖後製合成技巧

7

▶ 7.3.6 景觀立面天空的處理

STEP **1** 天空在立面圖效果圖製作中尤為重要。天空的製作方法一般使用的工具有漸層、橡皮擦、圖層疊加、遮色片等。一張好的天空貼圖能使效果圖的製作效果效率大大提高。

STEP **2** 打開天空分層素材，如圖 7-68 所示。

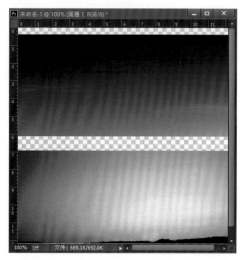

☊ 圖 7-68 天空分層素材

STEP **3** 打開漸層工具，利用線性漸層，做一個藍色到白色的漸層得到天空效果，如圖 7-69 所示。

☊ 圖 7-69 天空漸層

STEP 4 配合漸層天空，再利用兩張天空貼圖進行不透明度的疊加與調整，然後調整好橡皮擦的不透明度和流量，把橡皮擦當做繪畫工具，將天空擦出自然的效果，如圖 7-70 所示。

⋒ 圖 7-70 天空效果

▶ 7.3.7 景觀增加元素

STEP 1 為了使景觀元素更豐富，對場景合成人物和建築。

STEP 2 合成人物建築，如圖 7-71 所示。

⋒ 圖 7-71 合成建築

STEP 3 整個圖有近景和遠景的水平空間，更有層次感，效果如圖 7-72 所示。

⚙ 圖 7-72 層次感調整

STEP 4 天空背景有點空，合成景觀場景中水鳥和太陽光線來充實畫面。效果如圖 7-73 所示。

⚙ 圖 7-73 合成景觀

▶ 7.3.8 整體調整

調整填滿、增加文字後，最後效果如圖 7-74 所示。

⚙ 圖 7-74 完成效果

7.4 景觀鳥瞰圖後製

▶ 7.4.1 渲染影像檔匯入

1 · 開啟 3ds Max 輸出的影像檔

`STEP 1` 啟動 Photoshop 軟體。

`STEP 2` 選擇功能表**檔案**→**開啟舊檔**，打開「鳳鳴湖旅遊休閒度假山莊鳥瞰圖」，
如圖 7-75 所示。

♠ 圖 7-75 鳥瞰圖

2 · 分析影像檔

透過閱讀鳥瞰圖，可以瞭解到本方案是地形、地勢、景觀構成，並根據相機定
位的角度，確定為鳥瞰圖。

▶ 7.4.2 影像檔匯入 Photoshop 中分層處理

`STEP 1` 啟動 Photoshop CS6。

STEP 2 選擇功能表**檔案**→**開啟舊檔**，打開已經渲染好的「度假山莊渲染原始圖」檔，如圖 7-76 所示。

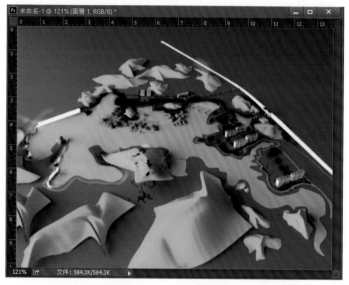

⋂ 圖 7-76 打開渲染檔案

▶ 7.4.3 山製作調整

STEP 1 山製作合成圖片，如圖 7-77 所示。

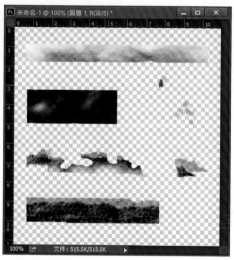

⋂ 圖 7-77 山合成

根據畫面需要，畫面上下各加一個黑色的邊框，然後進行圖層的疊加透明度的處理，如圖 7-78 所示。主要應用工具有加亮加深、印章、任意變形、移動、縮放、橡皮擦等。橡皮擦工具可以擦出更多的虛實變化，讓山更具層次感；加亮加深工具能更好地塑造上部的體積感；任意變形工具可以使畫面更具不定性可變性，增強畫面元素的豐富性。在製作過程為了提高製作速度，可以使用快捷鍵。

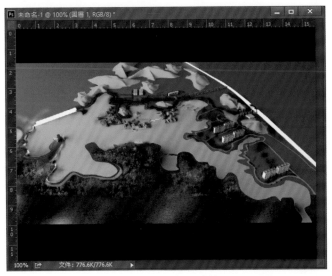

🎧 圖 7-78 畫面調整

STEP 3 整體調整山的走勢。運用工具合成山，由於本案例圖層多，做好分組處理。效果如圖 7-79 所示。

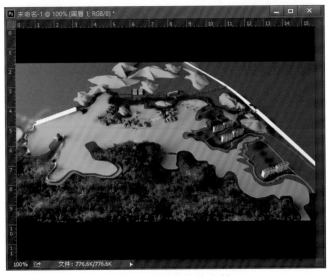

🎧 圖 7-79 調整山的走勢

STEP 4 遠山制作。根據近實遠虛的原則，遠山的處理需要一張與藍天相連的山和天空的圖片作為背景，採用橡皮擦等常用工具，效果如圖 7-80 所示。

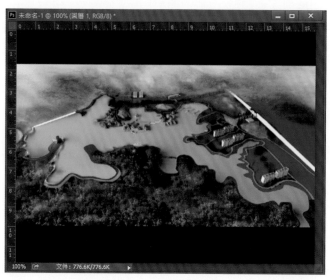

🔊 圖 7-80 製作遠山

▶ 7.4.4 道路處理

按照透視規律，利用魔術棒工具選取道路，把能看到的道路一一顯示出來，進行部分道路的隱藏，並進行虛實變化處理。效果如圖 7-81 所示。

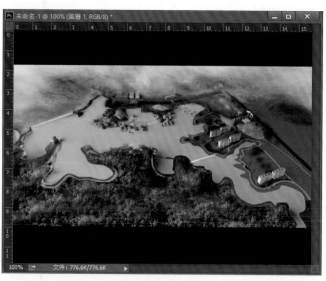

🔊 圖 7-81 道路處理

▶ 7.4.5 佈局建築

合成建築，調整透視比例，使其與整體協調。效果如圖 7-82 所示。

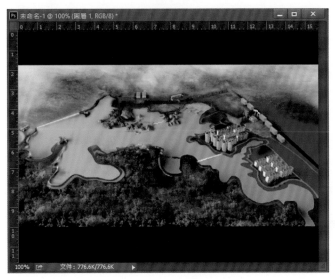

⋒ 圖 7-82 佈局建築

▶ 7.4.6 佈局建築綠化景觀處理

STEP 1 用魔術棒工具選取水體部分，借助一張天空圖片，使其與水體融和，調整色階、對比度、明度等，使水體整個景觀融為一體，合成樹木。效果如圖 7-83 所示。

⋒ 圖 7-83 合成天空、樹木

STEP 2 合成涼亭、橋、植物、花等景觀，效果如圖 7-84 所示。

⋒ 圖 7-84 合成景觀

STEP 3 使用垂直翻轉指令或任意變形指令製作水體倒影，效果如圖 7-85 所示。

⋒ 圖 7-85 水體倒影

修正整體、色彩、色階、對比度等，按 Ctrl+Shift+Alt+E 快捷鍵合併圖層，完成效果如圖 7-86 所示。

🔊 圖 7-86 完成效果

 TIPS

1. 多看、多做、多臨摹優秀的設計案例，提高自己的景觀設計的藝術修養。

2. 收集園林景觀模擬圖後製的分層素材，如天空、水、草地、植物、花卉、樹木貼圖等，提升自己的設計效率。

3. 多加實踐，接觸身邊正在施工的成功設計案例，身歷其境置身於社會實踐，增加自己的設計經驗。

Note

CHAPTER 8

人文景觀的設計與處理

內容導覽

使用 Photoshop CS6 對多種人文影像進行後製合成，主要包括：快速處理 RAW 檔影像，處理模糊的人文景觀影像，為影像加上景深效果，調整畫面構圖及全景影像的合成。透過對影像的後製合成，使影像更加美觀。

學習要點

◇ 快速處理 RAW 檔影像

◇ 處理模糊的人文景觀影像

◇ 為影像加上景深效果

◇ 調整畫面構圖

◇ 全景影像的合成

▶ 8.1.1　快速處理 RAW 檔影像

RAW 檔處理起來需要耗費大量時間，不同的數位相機產生的 RAW 檔各不相同。使用 Adobe Camera Raw 可以對影像進行多項編修，主要包括裁切拉直照片、快速對白平衡進行調整、更改影像的色調、對影像進行清晰化設定。

在 Adobe Bridge 中選擇 RAW 影像，滑鼠對影像點擊右鍵→在 **Camera Raw** 中打開，可以在 Camera Raw 中打開影像，如圖 8-1 所示。

❶ 圖 8-1 打開 RAW 檔影像

1 · 調整白平衡

Adobe Camera Raw 提供了調節白平衡的多種方法，最常用的是利用白平衡工具來調整。打開 RAW 檔影像，執行白平衡工具指令，在影像中的灰色位置按一下，軟體將自動調整影像的白平衡，還可以利用**白平衡**→**色溫**→**色調**滑桿來調節白平衡，如圖 8-2 所示。

○ 圖 8-2 RAW 檔影像執行白平衡後效果

2 · 修正傾斜的影像

Adobe Camera Raw 中的拉直工具可以快速調整影像的角度，快速修正傾斜的影像。選擇拉直工具，在預覽圖中沿著影像的水平線方向按一下拖曳滑鼠，確定水平基準線。釋放滑鼠後，裁切工具將立即處於選取狀態，Adobe Camera Raw 將自動建立一個裁切框，使用者根據影像對裁切框進行調整，確定裁切大小和範圍後，按 Enter 鍵確定，結果如圖 8-3 所示。

○ 圖 8-3 RAW 檔影像進行拉直前後的影像效果

3 · 去除影像的暗角

當拍攝者以大光圈進行拍攝時，影像往往會出現不同程度的暗角現象。在 Adobe Camera Raw 中可以利用鏡頭校正面板快速減輕影像的暗角，使畫面整體曝光均勻，如圖 8-4 所示。選擇鏡頭校正，在面板中按一下並向右拖曳鏡頭**校正量→扭量→暈映**滑桿，或者直接在文字方塊中輸入數值，如圖 8-5 所示，可去除照片中的暗角。

🎧 圖 8-4 RAW 檔影像執行鏡頭校正前後的影像效果

🎧 圖 8-5 鏡頭校正面板

4‧色差影像的藝術處理

Adobe Camera Raw 中的分割色調面板可以實現影像的藝術化處理，如圖 8-6 所示。打開 RAW 檔影像，選擇分割色調，在面板中分別對影像的色相、飽和度等進行調整，可將影像轉換為一種全新的風格，如圖 8-7 所示。

🎧 圖 8-6 RAW 檔影像執行分割色調前後的影像效果

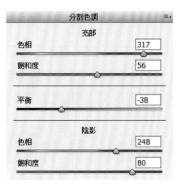

◐ 圖 8-7 分割色調面板

▶ 8.1.2 控制影像的景深效果

通常在影像中適當地增加模糊不僅能提高影像意境，也能表現出不一樣的景深效果，而達到增強影像表現力的目的。在 Photoshop 中可以利用模糊工具和模糊濾鏡組來控制影像的景深效果。

1．模糊工具

模糊工具可以對影像局部區域進行模糊處理，其原理是透過降低相鄰像素之間的反差，使影像邊界或區域變得柔和，產生夢幻般的特殊效果。執行**模糊工具→模糊強度**指令，對模糊強度進行設定，當設定強度值越大，繪製區域變的越柔和，如圖 8-8 所示。

◐ 圖 8-8 執行模糊設定前後的影像效果

2．模糊濾鏡組

Photoshop 的模糊濾鏡組中包括表面模糊、動態模糊、方框模糊、形狀模糊等 11 種模糊濾鏡。執行**濾鏡→模糊**指令，會顯示所有模糊濾鏡，使用這些濾鏡可以對選取範圍或整個影像進行柔化，使影像產生平滑的效果。

`STEP 1` 表面模糊。表面模糊濾鏡可以使影像保持邊緣的同時，也對影像的表面增加模糊效果，用於建立特殊效果並消除雜訊或顆粒，如圖 8-9 所示。

⌒ 圖 8-9 執行表面模糊前後的影像效果

`STEP 2` 動態模糊和方框模糊。動態模糊濾鏡可以使影像按照指定的方向或強度進行模糊，類似於以固定的曝光時間拍攝一個正在移動的物體。方框模糊濾鏡是使用相鄰像素的平均顏色值模糊物件，可以用計算特定像素平均值大小，半徑值越大，產生的模糊效果越明顯，如圖 8-10 ～圖 8-12 所示。

⌒ 圖 8-10 原圖　　⌒ 圖 8-11 動態模糊處理後　⌒ 圖 8-12 方框模糊處理後
　　　　　　　　　　　　　影像　　　　　　　　　　　影像

`STEP 3` 高斯模糊。高斯模糊濾鏡透過設定模糊的半徑值為影像進行模糊。執行**濾鏡→模糊→高斯模糊**指令，打開 "高斯模糊" 對話方塊，輸入半徑值。圖 8-13 是半徑為 6 時模糊後的影像效果，圖 8-14 是半徑為 4 時模糊後的影像效果。

↑ 圖 8-13 半徑為 6 的高斯模糊影像　　↑ 圖 8-14 半徑為 4 的高斯模糊影像

STEP 4 模糊和更模糊。模糊濾鏡可以用來柔化整體或部分影像，使用更模糊濾鏡得到的效果相當於應用 3 ～ 4 次模糊濾鏡後的效果。圖 8-15 為應用模糊濾鏡後的效果，圖 8-16 為應用更模糊濾鏡後的效果。

↑ 圖 8-15 模糊處理影像　　　　　　　↑ 圖 8-16 更模糊處理影像

STEP 5 放射狀模糊和鏡頭模糊。放射狀模糊濾鏡模糊後的影像效果與相機在拍攝過程中進行移動或旋轉後所拍攝影像的模糊效果相似，如圖 8-17 所示。鏡頭模糊濾鏡可以在模糊影像時產生更強的景深效果，如圖 8-18 所示。

↑ 圖 8-17 放射狀模糊處理影像　　　　↑ 圖 8-18 鏡頭模糊處理影像

STEP 6 平均。平均濾鏡是透過尋找影像或者選取範圍的平均顏色,再用該顏色填充影像或選取範圍,可以使影像變得平滑。圖 8-19 為使用選取範圍工具在影像中建立選取範圍,圖 8-20 為對選取範圍使用平均濾鏡後的效果。

⋂ 圖 8-19 建立選取範圍後的影像

⋂ 圖 8-20 輸出平均濾鏡處理影像

STEP 7 智慧型模糊和形狀模糊。智慧型模糊可以準確地模糊影像,執行**濾鏡→模糊→智慧型模糊**指令,在跳出的對話方塊中設定參數,對影像進行模糊,如圖 8-21 所示。形狀模糊濾鏡是使用指定形狀來建立模糊效果,可以根據影像選擇形狀來製作影像的模糊效果,如圖 8-22 所示。

⋂ 圖 8-21 智慧型模糊處理的影像

⋂ 圖 8-22 形狀模糊處理的影像

▶ 8.1.3 全景影像合成方法

在拍攝照片時常常不能一次性完成一幅全景影像的拍攝,這就需要利用 Photoshop 來合成全景影像。全景影像的合成有多種方法,主要使用自動對齊圖層指令合成全景照片,使用 Photomerge 指令合成全景影像。

1・執行自動對齊圖指令合成全景影像

自動對齊圖層指令可以根據不同圖層中相似的內容自動對齊圖層，並替換或刪除具有相同背景的影像部分，或將共用重疊內容的影像合在一起。

STEP 1 將用於合成全景圖的影像打開，在 Photoshop 中打開圖 8-23 ～圖 8-25。

🎧 圖 8-23 未合成影像 1

🎧 圖 8-24 未合成影像 2

🎧 圖 8-25 未合成影像 3

STEP 2 執行**檔案→新增**指令，新建一個空白檔，然後將打開的影像分別拖曳到新建的檔中，並在圖層面板中產生 "圖層 1"、"圖層 2" 和 "圖層 3"，如圖 8-26 所示。

🎧 圖 8-26 複製到一起的影像

STEP 3 設定自動對齊選項。同時選取三個圖層，執行**編輯→自動對齊圖層**指令，打開"自動對齊圖層"對話方塊，勾選暈映去除和幾何扭曲，按一下"確定"按鈕，如圖 8-27 所示。

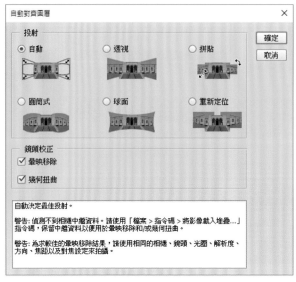

🎧 圖 8-27 設定自動對齊選項

STEP 4 合成全景影像。系統將應用設定對影像進行處理，並在影像視窗中生成自動對齊後的全景影像，再利用裁切工具把多餘的影像裁切掉，得到完整的全景圖效果，如圖 8-28、圖 8-29 所示。

🎧 圖 8-28 影像進行裁切效果

 圖 8-29 合成後的全景影像

在自動對齊圖層中可以用暈映去除和幾何扭曲兩個核取方塊來對影像進行鏡頭校正。若勾選暈映去除核取方塊，可將由於鏡頭瑕疵和鏡頭遮光處理不當而導致邊緣較暗的影像中的暈映去除；若勾選幾何扭曲核取方塊，則可以補償圓桶形、透視形或球面扭曲後導致的影像失真。

2 · 執行 Photomerge 指令合成全景影像

全景影像也可以透過 Photomerge 指令來實現，在其對話方塊中可以對各選項進行設定，將一個位置拍攝的多張影像合成為一幅影像，製作全景影像效果。

`STEP 1` 打開影像，在 Photoshop 中將同一位置三幅影像打開，如圖 8-30 所示。

 圖 8-30 原始影像

STEP 2 執行**檔案→自動→ Photomerge** 指令，打開如圖 8-31 所示的對話方塊，按一下"增加開啟的檔案"按鈕，將打開的 3 個檔增加為使用的來源檔案。

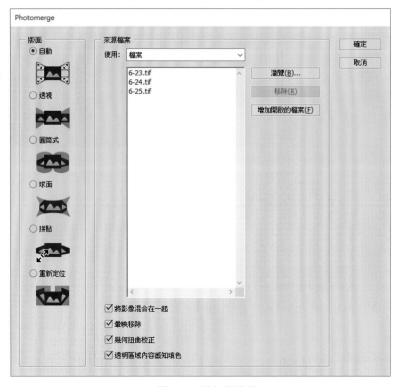

⊙ 圖 8-31 增加影像檔

STEP 3 合成全景影像。設定完成後確定，軟體會開始處理影像，將這 3 幅影像自動合成在一起，製作成全景圖，並產生一個新的檔案，如圖 8-32、圖 8-33 所示。

⊙ 圖 8-32 合成影像裁切效果

⋒ 圖 8-33 合成影像效果

8.2 | Photoshop 在人文景觀設計中的應用

Photoshop 可以進行人文景觀設計與處理，為人文景觀設計的表現帶來了很大的方便，可以使景觀設計效果表現得更真實，表現手法更便捷。

▶ 8.2.1 江南水鄉景觀的效果處理與設計

利用 Photoshop 可以輕鬆地調整出想要的各種光色搭配、亮度及曝光度，下面以江南水鄉優美的景觀為素材，透過對畫面整體色調的調整和設定，使整幅影像在藝術形式上更美觀。

STEP 1 打開需要的素材影像（如圖 8-34 所示），選擇背景圖層，並將其複製，然後對圖層混合模式進行調整。

⋒ 圖 8-34 對背景圖層進行調整後的效果

STEP 2 打開需要的藍天素材影像（如圖 8-35 所示），按一下工具箱中的移動工具按鈕，將素材影像拖曳到編輯的影像中，得到 "圖層 1" 圖層，如圖 8-36 所示。

⋂ 圖 8-35 藍天素材影像　　　　　　⋂ 圖 8-36 將影像拖曳至編輯影像中

STEP 3 選取背景圖層，按一下 "圖層 1" 前的指示圖層可見度圖示，隱藏 "圖層 1" 的可見狀態，如圖 8-37 所示執行**視窗→色版**指令，打開色版面板，如圖 8-38 所示。

⋂ 圖 8-37 隱藏圖層 1 圖層　　　　　⋂ 圖 8-38 打開色版面板
　　 的可見性

STEP 4 按一下色版面板中的藍色版，在畫面中查看藍色版下的影像效果，如圖 8-39 所示。

⋂ 圖 8-39 藍色版下的影像效果

STEP 5 按一下並拖曳藍色版至面板底部的"建立新色版"按鈕上,複製藍色版,
得到藍拷貝色版。

STEP 6 按 Ctrl+L 快捷鍵,打開"色階"對話方塊(如圖 8-40 所示),設定色階
值為 196、0.58、231,然後按一下"確定"按鈕。

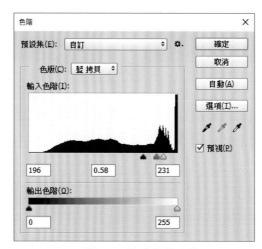

● 圖 8-40 設定影像色階

STEP 7 查看藍拷貝色版,應用色階指令後的影像效果。在工具箱中設定前景
色為黑色,按一下工具箱中的筆刷工具按鈕,在其選項欄中設定其不透明度為
60%,如圖 8-41 所示。

● 圖 8-41 設定前景色和筆刷

STEP 8 使用筆刷工具在畫面適當位置按一下並進行繪製,將影像部分繪製為黑
色。繼續使用筆刷工具在畫面適當位置繪製,將影像區域繪製為黑色,效果如
圖 8-42 所示。

STEP 9 按住 Ctrl 鍵,按一下藍拷貝色版的色版預覽圖,將藍拷貝色版中的影像
作為選取範圍載入,效果如圖 8-43 所示。

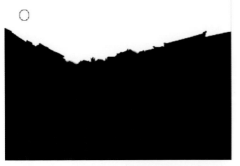

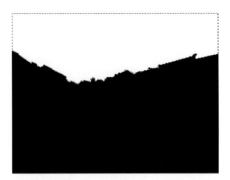

△ 圖 8-42 使用筆刷工具繪製影像　　　　△ 圖 8-43 載入選取範圍後影像效果

STEP 10 執行**選擇→反轉選取**指令，將選取範圍進行反轉選取。按一下 RGB 色版前的指示色版可見性圖示，在畫面中查看 RGB 色版下的影像效果，如圖 8-44 所示。

△ 圖 8-44 將色版載入選取範圍

STEP 11 選取 "背景拷貝" 圖層，按 Ctrl+J 快捷鍵，複製選取範圍圖層為 "圖層 2"；選取 "圖層 1"，按一下該圖層前的指示色版可見性圖示，顯示該圖層，按 Ctrl+T 快捷鍵，自由變換影像大小和外形。設定完成後，按一下選項欄中的確認變形按鈕，套用變形，如圖 8-45 所示。

△ 圖 8-45 對影像進行任意變形

STEP 12 確保 "圖層 1" 為選取狀態，按住 Ctrl 鍵按一下 "圖層 2" 的預覽圖，將 "圖層 2" 中的影像作為選取範圍載入，如圖 8-46 所示。

STEP 13 執行**選擇→反轉選取**指令，反轉選取範圍。按一下圖層面板底部的增加圖層遮色片按鈕，為 "圖層 1" 增加圖層遮色片效果，產生融合效果，如圖 8-47 所示。

∩ 圖 8-46 將影像作為選取範圍載入

∩ 圖 8-47 融合後的影像效果

STEP 14 執行**圖層→向下合併**指令，按 Ctrl+E 快捷鍵，合併圖層遮色片和 "圖層 2"，如圖 8-48 所示。

∩ 圖 8-48 合併圖層

人文景觀的設計與處理

8

STEP 15 按 Ctrl+Shift+Alt+E 快捷鍵，蓋印圖層，建立色階調整圖層，在打開的面板中選擇中間調變亮選項，提高影像亮度。效果圖 8-49 所示。

STEP 16 按一下色階圖層，出現圖層遮色片預覽圖，設定前景色為黑色，在天空區域繪製，修復偏亮的影像，如圖 8-50 所示。

🎧 圖 8-49 色階調整圖層

🎧 圖 8-50 修復偏亮的圖層

STEP 17 再建立一個色階調整圖層，在打開的面板中選擇增強對比度 1 選項，增強對比度效果，如圖 8-51 所示。

STEP 18 蓋印圖層，執行**濾鏡→銳利化→遮色片銳化**指令，在打開的對話方塊中設定參數，銳化影像，如圖 8-52 所示。

🎧 圖 8-51 增強對比度 1 設定

🎧 圖 8-52 銳化影像

STEP 19 建立色彩平衡調整圖層，在打開的面板中分別對陰影、中間調顏色進行設定，如圖 8-53 和圖 8-54 所示。

STEP 20 對亮部顏色進行設定，修改照片的整體色調，如圖 8-55 所示。

◑ 圖 8-53 陰影調整

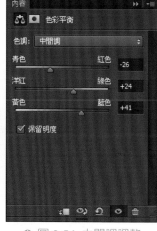

◑ 圖 8-54 中間調調整

◑ 圖 8-55 亮部調整

STEP 21 新增照片濾鏡調整圖層，在打開的面板中選擇深黃色濾鏡，調整影像，如圖 8-56 所示。

◑ 圖 8-56 照片濾鏡圖層調整

人文景觀的設計與處理

8

STEP 22 按一下色版面板中的藍拷貝色版，按住 Ctrl 鍵，按一下藍拷貝色版的色版預覽圖，將藍拷貝色版中的影像作為選取範圍載入，載入天空選取範圍，如圖 8-57 所示。

🎧 圖 8-57 選取範圍載入獲取天空選取範圍

STEP 23 執行**影像**→**調整**→**色相 / 飽和度**指令，對天空選取範圍的色相、飽和度和明度進行調整，如圖 8-58 所示。

🎧 圖 8-58 調整天空選取範圍的色相 / 飽和度

STEP 24 混合圖層，設定圖層混合模式為色彩增值、不透明度為 75%，增強畫面的對比度，如圖 8-59 所示。

🎧 圖 8-59 設定圖層的混合模式

STEP 25 使用套索工具 📎 在影像左側新增選取範圍，並將選取範圍羽化 245 像素；使用**影像→調整→曝光度**指令提亮選取範圍，如圖 8-60 所示。繼續使用選取範圍工具，進行曝光度的調整，直到效果滿意。

🎧 圖 8-60 提亮選取範圍效果

STEP 26 載入上面設定的選取範圍，新增亮度 / 對比度調整圖層，設定亮度為 21、對比度為 -7，提高選取範圍內的影像的亮度，如圖 8-61 所示。

⬆ 圖 8-61 調整亮度 / 對比度調整圖層

STEP 27 新增色階調整圖層，在打開的面板中設定色階值為 17、1.17、244，如圖 8-62 所示，調整影像的色階。

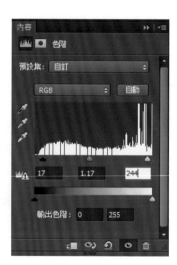

⬆ 圖 8-62 調整影像色階

STEP 28 按一下色階圖層預覽圖，設定前景色為黑色，使用柔邊筆刷在影像上繪製，恢復天空和白色牆面的色調，如圖 8-63 所示。

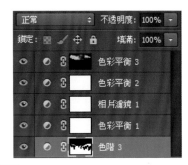

● 圖 8-63 筆刷工具繪製圖層

STEP 29 　合併圖層，執行**選擇**→**顏色範圍**指令，在打開的對話方塊中設定選擇範圍，新增燈籠選取範圍，如圖 8-64 所示。

● 圖 8-64 新增燈籠選取範圍

新增純色調整圖層，設定填滿顏色為紅色，再將調整圖層的混合模式更改為柔光，如圖 8-65 所示。

🎧 圖 8-65 設定柔光圖層混合模式

STEP 31 在 "圖層 4" 上方新增一個色相 / 飽和度調整圖層，在打開的面板中設定各項參數，調整畫面的飽和度，如圖 8-66 所示。

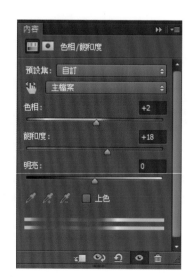

🎧 圖 8-66 設定色相 / 飽和度調整圖層

STEP 32 使用裁切工具新增一個黑色的邊框，將黑色調整為背景色進行填滿，如圖 8-67 和圖 8-68 所示。

🎧 圖 8-67 裁切工具裁切影像

🎧 圖 8-68 裁切後的效果影像

STEP 33 結合文字工具和直線工具增加文字和線條，效果如圖 8-69 所示。

🎧 圖 8-69 完成效果

▶ 8.2.2 高原景觀的效果處理與設計

Photoshop 不僅能夠製作出景觀更分明的天空效果，也能夠有效地突出建築景觀明亮色彩，如圖 8-70 所示。

🎧 圖 8-70 素材圖和效果圖

STEP 1 打開需要的素材影像，選擇背景圖層，並將其複製，然後對圖層混合模式進行調整，調整為覆蓋，如圖 8-71 所示。

STEP 2 新增曲線調整圖層，在打開的面板中調整曲線形狀，提高影像亮度，如圖 8-72 所示。

⋒ 圖 8-71 調整影像混合模式　　　　　　⋒ 圖 8-72 新增曲線調整圖層

STEP 3 利用套索工具選擇背景圖層中多餘的樹枝部分，執行**編輯**→**填滿**→**內容感知**指令，在打開的對話方塊中去除多餘的樹枝，如圖 8-73 所示。

⋒ 圖 8-73 去除多餘的樹枝

STEP 4 打開需要的素材影像（如圖 8-74 所示），按一下工具箱中的移動工具，將素材影像拖曳到編輯的影像中，得到 "圖層 1"，如圖 8-75 所示。

圖 8-74 藍天素材影像　　　　　　　　　圖 8-75 將影像拖曳至編輯影像中

STEP 5　選取背景圖層，按一下"圖層 1"前的指示圖層可見度圖示，隱藏"圖層 1"的可見狀態。執行**視窗→色版**指令，打開色版面板。

STEP 6　按一下色版面板中的藍色版，在畫面中查看藍色版下的影像效果，如圖 8-76 所示。

STEP 7　按一下並拖曳藍色版至面板底部的新增新色版按鈕上，複製藍色版，得到藍拷貝色版。

STEP 8　按 Ctrl+L 快捷鍵，打開 "色階" 對話方塊（如圖 8-77 所示），設定色階值為 185、0.65、196，然後按一下 "確定" 按鈕。

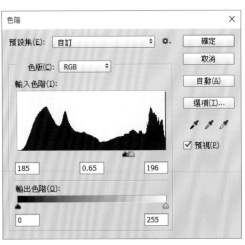

圖 8-76 藍色版下影像效果　　　　　　　　圖 8-77 設定影像色階

人文景觀的設計與處理

8

8-27

STEP 9 在畫面中為藍拷貝色版,使用色階指令後的影像效果。在工具箱中設定前景色為黑色,按一下工具箱中的筆刷工具,設定其不透明度為 60%。

STEP 10 使用筆刷工具在畫面適當位置按一下並進行繪製,將影像部分繪製為黑色。繼續使用筆刷工具在畫面適當位置繪製,將影像區域繪製為黑色,如圖 8-78 所示。

STEP 11 按住 Ctrl 鍵,按一下藍拷貝色版的色版預覽圖,將藍拷貝色版中的影像作為選取範圍載入,如圖 8-79 所示。

♠ 圖 8-78 使用筆刷工具繪製影像　　　♠ 圖 8-79 載入選取範圍後影像效果

STEP 12 執行**選取→反轉選取**指令,將選取範圍進行反轉選取。按一下 RGB 色版前的指示色版可見度圖示,在畫面中查看 RGB 色版下的影像效果,如圖 8-80 所示。

STEP 13 選取背景拷貝圖層,按 Ctrl+J 快捷鍵,複製選取範圍圖層為 "圖層 2",選取 "圖層 1",按一下該圖層前的指示色版可見度圖示,顯示該圖層,按 Ctrl+T 快捷鍵,任意變形影像大小和外形。如圖 8-81 所示。

♠ 圖 8-80 將色版載入選取範圍　　　♠ 圖 8-81 對影像進行任意變形

STEP 14 確保 "圖層 1" 為選取狀態，按住 Ctrl 鍵，按一下 "圖層 2" 的預覽圖，將 "圖層 2" 中的影像作為選取範圍載入，如圖 8-82 所示。

STEP 15 執行**選擇→反轉選取**指令，反轉選取範圍。按一下圖層面板底部的增加圖層遮色片■，為 "圖層 1" 增加圖層遮色片效果，實現融合效果，如圖 8-83 所示。

⋒ 圖 8-82 將影像作為選取範圍載入

⋒ 圖 8-83 融合後影像效果

STEP 16 按 Ctrl+Shift+Alt+E 快捷鍵，合併圖層，新增色相 / 飽和度調整圖層，在打開的面板中分別對主檔案的藍色進行飽和度的設定，如圖 8-84 所示。

⋒ 圖 8-84 新增色相 / 飽和度調整圖層

人文景觀的設計與處理

8

STEP 17 執行**選擇→顏色範圍**指令，在打開"顏色範圍"對話方塊中設定選擇範圍，如圖 8-85 所示。

🔊 圖 8-85 調整顏色範圍

STEP 18 新增純色調整圖層，設定填滿色為白色，再將混合模式改為柔光、不透明度改為 10%，如圖 8-86 所示。

🔊 圖 8-86 新增純色調整圖層

STEP 19 選擇新增的純色圖層，設定前景色為黑色，使用柔邊筆刷在雲朵上方繪製，修復雲朵的層次，如圖 8-87 所示。

⋒ 圖 8-87 修復雲朵的層次

STEP 20 執行**選擇**→**顏色範圍**指令，在打開的面板中使用滴管工具設定需要調整的選取範圍，如圖 8-88 所示。

⋒ 圖 8-88 調整顏色範圍

STEP 21 設定完選取範圍後，新增色彩平衡調整圖層，在打開的面板中設定顏色值為 +15、+1、+71，調整顏色，如圖 8-89 所示。

🎧 圖 8-89 新增色彩平衡調整圖層

STEP 22 選擇功能表**選擇→顏色範圍**指令，在打開的面板中使用滴管工具設定需要調整的顏色範圍，如圖 8-90 所示。

🎧 圖 8-90 調整顏色範圍

STEP 23 再次新增色彩平衡調整圖層，在打開的面板中設定顏色值為 -22、+12、0，調整顏色，如圖 8-91 所示。

🎧 圖 8-91 新增色彩平衡調整圖層

STEP 24 選擇功能表**選取→顏色範圍**指令，在打開的面板中使用滴管工具設定需要調整的選取範圍，如圖 8-92 所示。

🎧 圖 8-92 設定影像色彩平衡

STEP 25 設定選取範圍後，新增色階調整圖層，在打開的面板中選擇增加對比度 2 選項，提高選取範圍內影像的對比度，如圖 8-93 所示。

🎧 圖 8-93 增加影像對比度 2

人文景觀的設計與處理

8

STEP 26 新增色相/飽和度調整圖層，在打開的面板中分別對主檔案、青色、綠色和藍色的飽和度進行調整，如圖 8-94 所示。

⋒ 圖 8-94 對影像色相飽和度進行調整

STEP 27 按一下圖層面板中的"圖層 3"，設定其不透明度為 17%，去除藍色斑點，對影像的顏色進行修飾，如圖 8-95 所示。

⋒ 圖 8-95 去除影像中多餘的藍色斑點

STEP 28 新增色階調整圖層，在打開的面板中設定色階值為 0、1.28、255，如圖 8-96 所示。

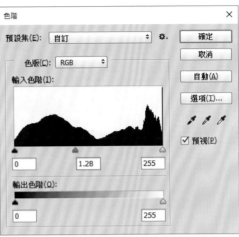

⋒ 圖 8-96 新增色階調整圖層

STEP 29 新增選取顏色調整圖層，設定綠色和黃色的顏色百分比，如圖 8-97 所示。

⋒ 圖 8-97 新增可選顏色調整圖層

人文景觀的設計與處理

8

STEP 30 載入圖層 2 選取範圍，新增色階調整圖層，提亮雲彩，增加雲朵的層次感，如圖 8-98 所示。

 圖 8-98 新增色階調整圖層

STEP 31 新增色彩平衡調整圖層，設定中間調顏色值為 -2、0、+38，修飾畫面的整體色調，如圖 8-99 所示。

 圖 8-99 新增色彩平衡調整圖層

▶ 8.2.3 景觀宣傳海報的處理與設計

利用 Photoshop 相關工具和指令可以設計出非常實用的景觀宣傳海報。

1 · 新增檔案並按一下前景色色塊

選擇功能表**檔案**→**新增**指令，打開如圖 8-100 所示的對話方塊，設定新增檔案
的名稱和寬度等參數。設定完成後，按一下"確定"按鈕，新增檔案，按一下
前景色色塊。

🎧 圖 8-100 新增設定

2 · 設定並填滿前景色

打開"檢色器（前景色）"對話方塊，設定顏色值為 06913a，然後按一下"確定"
按鈕。按 Alt+Delete 快捷鍵，為背景圖層填滿顏色為前景色，如圖 8-101 所示。

🎧 圖 8-101 設定前景色

3．新增選取範圍並設定前景色

STEP 1 使用矩形選取畫面工具在畫面適當位置新增矩形選取範圍。

STEP 2 按一下工具箱中的前景色色塊，打開〝檢色器（前景色）〞對話方塊，設定前景色參數為 a1c910，如圖 8-102 所示。

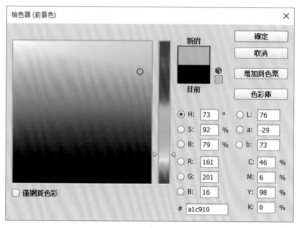

♪ 圖 8-102 設定選取範圍前景色

STEP 3 按一下圖層面板底部的〝建立新圖層〞按鈕，新增〝圖層 1〞圖層。

4.填滿新增選取範圍

STEP 1 按 Alt+Delete 快捷鍵，為選取範圍填滿前景色，如圖 8-103 所示。

♪ 圖 8-103 為選取範圍填滿前景色

STEP 2 使用矩形選取畫面工具在畫面適當位置按一下並拖曳滑鼠，新增選取範圍。

STEP 3 按一下圖層面板底部的"建立新圖層"按鈕，新增"圖層 2"圖層。

5 · 填滿並修改影像位置

STEP 1 使用漸層工具為選取範圍應用線性漸層填滿效果，如圖 8-104 所示。

❶ 圖 8-104 線性漸層填滿

STEP 2 選取"圖層 1"圖層，按 Ctrl+T 快捷鍵，任意變形影像，確定外形後按 Enter 鍵套用修改。

STEP 3 同理，選取"圖層 2"圖層，按 Ctrl+T 快捷鍵，任意變形影像。

6 · 新增並填滿選取範圍

STEP 1 使用多邊形套索工具在畫面適當位置新增選取範圍，如圖 8-105 所示。

❶ 圖 8-105 多邊形套索

按一下圖層面板底部的 "建立新圖層" 按鈕，新增 "圖層 3"。

STEP 3 將前景色設定為白色，按 Alt+Delete 快捷鍵為選取範圍填滿白色。

7 · 增加陰影並打開素材

STEP 1 對前面繪製的影像應用進行陰影效果，並打開素材影像，如圖 8-106 所示。

🎧 圖 8-106 陰影效果

STEP 2 使用移動工具將打開的素材拖曳至本實例檔中，得到 "圖層 4" 圖層，將該圖層的不透明度設定為 50%。

8 · 調整圖形大小和外形

STEP 1 按 Ctrl+T 快捷鍵，任意變形影像大小，並將影像進行旋轉。按右鍵滑鼠，在跳出的快顯功能表中選擇 "傾斜" 選項，按一下並拖曳影像四周的控制手柄，調整圖形外形，如圖 8-107 所示。

⌒ 圖 8-107 傾斜

9. 向下合併圖層並調整影像位置

STEP 1 按 Ctrl+E 快捷鍵，向下合併圖層，得到 "圖層 3" 圖層。

STEP 2 查看設定圖層後的畫面效果。

STEP 3 使用移動工具將設定的影像調整至頁面適當位置，如圖 8-108 所示。

⌒ 圖 8-108 合併圖層

10. 打開並設定素材

STEP 1 與前面的方法相同，分別新增填滿選取範圍，並為圖形增加陰影效果，可以使用複製陰影效果增加到新圖層，如圖 8-109 所示。

◉ 圖 8-109 陰影

STEP 2 選取 "圖層 15" 圖層，打開需要的素材影像，將其拖曳至工作區中，調整影像外形和位置。

STEP 3 按 Ctrl+E 快捷鍵，向下合併圖層，得到 "圖層 14" 圖層，如圖 8-110 所示。

◉ 圖 8-110 合併圖層

11‧載入選取範圍並增加遮色片

STEP 1 選取 "圖層 19" 圖層，按住 Ctrl 鍵，按一下 "圖層 18" 的圖層預覽圖。

STEP 2 將 "圖層 18" 圖層中的影像作為選取範圍載入。

STEP 3 按一下圖層面板底部的 "建立新圖層" 按鈕，為 "圖層 19" 圖層增加圖層遮色片效果，如圖 8-111 所示。

◉ 圖 8-111 增加遮色片

12・增加圖層遮色片並向下合併圖層

STEP 1 確保 "圖層 19" 圖層為選取狀態。

STEP 2 按 Ctrl+E 快捷鍵，向下合併圖層，得到 "圖層 18" 圖層，如圖 8-112 所示，右邊是合併後的影像。

❶ 圖 8-112 合併圖層

STEP 3 在畫面中查看增加圖層遮色片並向下合併圖層後的畫面效果，如圖 8-113 所示。

❶ 圖 8-113 增加圖層遮色片後畫面效果

13・輸入需要的文字設定屬性

STEP 1 與上面的方法相同，繼續設定影像。按一下工具箱中的水平文字工具，在畫面中輸入需要的文字。

執行**視窗→字元**指令，打開字元面板，設定文字字體和顏色等參數，如圖 8-114 所示。

🔊 圖 8-114 文字屬性設定

STEP 3 查看設定文字屬性後的影像效果。

14 · 輸入並選取文字設定文字字元

STEP 1 使用水平文字工具輸入需要的文字。

STEP 2 按兩下文字，進入文字編輯狀態，選取文字 "費用"。

STEP 3 按一下水平文字工具選項欄中的切換字元和段落面板按鈕，設定文字字體、大小和顏色參數。

15 · 設定畫面細節影像

STEP 1 使用筆形工具在畫面適當位置繪製線段，在圖層 2 上新增 "圖層 19"，並為其套用路徑筆刷填滿效果，如圖 8-115 所示。

⌒ 圖 8-115 描邊填滿

STEP 2 選擇筆刷工具設定筆刷大小及硬度，選擇路徑面板，執行筆刷路徑指令，如圖 8-116 所示。

⌒ 圖 8-116 筆刷工具效果

STEP 3 調整文字在畫面中的適當位置，並調整畫面細節，實現影像效果，如圖 8-117 所示。

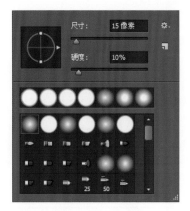

⋒ 圖 8-117 完成效果

CHAPTER 9

空間設計模擬圖後製合成技巧

內容導覽

本章主要講解 Photoshop 空間設計模擬圖的後製合成技巧。在空間模擬圖方面，後製部分非常的重要，前期模擬圖的燈光與材質掌握不到位的地方，都可以借助 Photoshop 強大的影像編輯功能進行彌補修正以及場景氛圍的再塑造。本章節透過列舉建築、景觀、室內等空間類型的模擬圖實例來對相關知識點進行講解。

學習要點

◇ 製作分析

◇ 增加場景配景

◇ 調整整體效果

◇ 特殊效果處理

9.1 商業辦公大樓建築外觀模擬圖後製實例

▶ 9.1.1 打開檔案

STEP 1 啟動 Photoshop，打開渲染完成的建築部分模擬圖及其色版檔，如圖 9-1 所示。

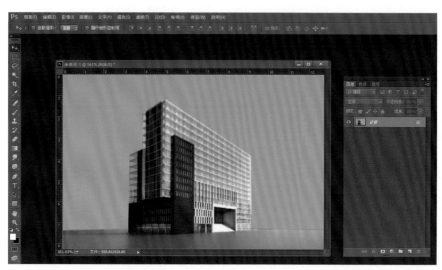

♠ 圖 9-1 打開模擬圖原始檔案

STEP 2 首先將兩個檔案中的建築部分與背景分離。先開啟模擬檔，在功能表列上執行**選取**→**載入選取**範圍指令，如圖 9-2 所示。

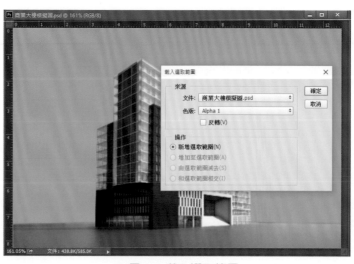

♠ 圖 9-2 載入選取範圍

執行完上述操作後，會看到建築部分被單獨選取，然後按 Ctrl+J 快捷鍵，將選取的部分單獨複製在一個新的圖層中，並將新圖層命名為「建築」。採用相同的方法，將色版檔案中的主體建築與背景分離，並將其新建圖層命名為「色版」，如圖 9-3 所示。

↟ 圖 9-3 分離建築圖層及色版圖層

STEP 4 按住 Shift 鍵，選擇並拖動「色版」檔案中的「色版」圖層到模擬圖檔中，如圖 9-4 所示。

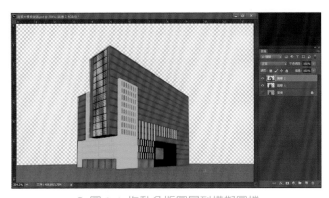

↟ 圖 9-4 拖動色版圖層到模擬圖檔

STEP 5 為影像確定一個整體風格。先為影像增加背景天空，打開 SKY.psd 檔案，將其拖入目前資料夾中，然後在圖層面板中拖動到「建築」圖層下方，將其命名為「天空」，將影像調整至適當位置，如圖 9-5 所示。

↟ 圖 9-5 增加天空背景

空間設計模擬圖後製合成技巧

9

STEP 1 透過觀察，發現建築整體過暗。按 Ctrl+M 快捷鍵，打開「曲線」對話視窗，將建築明度調亮，參數設定如圖 9-6 所示。

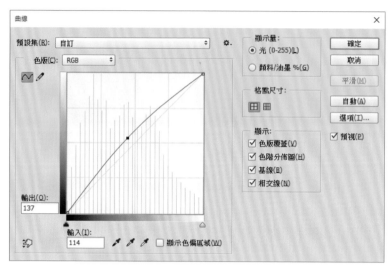

◑ 圖 9-6 曲線參數設置

STEP 2 仔細觀察最後渲染影像，發現建築正面玻璃的對比度稍弱，可以透過色版選取玻璃，複製玻璃為單獨的圖層，然後選擇**影像→調整→亮度對比度**和**影像→調整→色彩平衡**指令來增強玻璃的質感，如圖 9-7 所示。

◑ 圖 9-7 建築正面玻璃參數設定

利用色版選擇建築底部的門面玻璃，然後複製為單獨的圖層，執行**亮度→對比度**和**色彩平衡**指令，參數設定如圖 9-8 所示。

△ 圖 9-8 門面玻璃參數設定

STEP 4 利用色版選擇牆磚部分，然後複製為單獨的圖層，執行**亮度→對比度**指令，效果如圖 9-9、圖 9-10 所示。

△ 圖 9-9 複製牆磚新圖層　　　　　　　　△ 圖 9-10 牆磚參數設定

使用上述方法，可以完成建築主體後製的其他操作，而且在接下來的處理過程中可以根據需要再次對建築主體進行調整。實際上，後製是一個不斷完善的過程，透過不斷的改進，最後達到完美的效果。

▶ 9.1.3 增加配景

配景通常按照從遠景到近景，從大面積到小面積的步驟進行增加，這樣有利於後製的調整和對整體效果的掌握。

STEP 1 為影像增加房屋配景。打開 house.psd 檔,將其拖入目前的檔案中,在影像中使用移動和縮放工具調整其位置,然後在圖層面板中拖動圖層到如圖 9-11 所示位置,並將其命名為「房屋」。

🎧 圖 9-11 增加房屋配景

STEP 2 可以看到,房屋和地面交接的地方太過生硬,不夠真實。現在在房屋前面加一些積雪,讓其對生硬的部分進行遮擋,同時增加一些畫面細節。打開積雪 01.psd 檔,將其拖入目前檔中,在影像中使用仿製印章工具和橡皮擦工具等進行修改,使其中房屋與地面之間很好地銜接,如圖 9-12 所示。

🎧 圖 9-12 增加積雪配景

STEP 3 調整公路路面的效果，首先使用色版選出路面選取範圍，並複製為單獨的圖層，然後選擇**濾鏡**→**雜訊**→**增加雜訊**指令，為路面增加一些雜訊效果，使路面看起來更真實，實際參數設定如圖 9-13 所示。

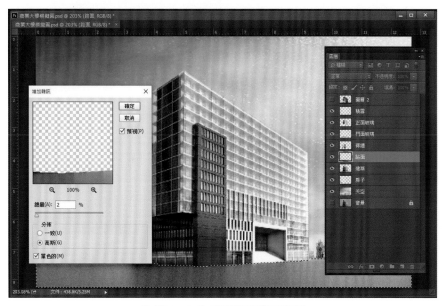

◑ 圖 9-13 為公路路面增加雜訊

STEP 4 按 Ctrl+U 快捷鍵，打開「色相／飽和度」對話視窗，調整路面的明度及飽和度，實際參數設定如圖 9-14 所示。

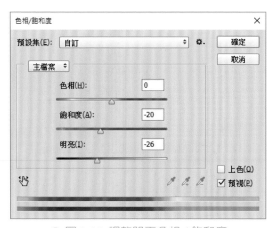

◑ 圖 9-14 調整路面色相／飽和度

製作並調整路面的積雪效果，先新建一個圖層，將其名為「路面積雪」，用筆刷工具在上面繪製白色的圖案，如圖 9-15 所示。

◑ 圖 9-15 運用筆刷繪製路面積雪

STEP 6 選擇**濾鏡→模糊→動態模糊**功能表指令，對剛才繪製的圖形進行模糊處理，其參數設定和效果如圖 9-16 所示。

◑ 圖 9-16 動態模糊參數設定及效果

STEP 7 再用橡皮擦工具進行局部擦除和淡化處理，用銳利化工具進行銳利化處理。如此反覆執行 5 ～ 7 次，最後效果如圖 9-17 所示。

⏻ 圖 9-17 最後效果

STEP 8 在建築物前面增加一些植物的配景。打開植物 .psd 檔，將其拖入目前的檔案中，在影像中使用「移動」和「縮放」工具調整其位置，然後在圖層面板中拖動圖層到如圖 9-18 所示的位置，並將其命名為「植物」。

⏻ 圖 9-18 增加植物配景

空間設計模擬圖後製合成技巧

9

因為要表現的是雪景效果，所以一般情況下
公路路面會有很強的反射，下面製作植物在路面上
的反射效果。先對「植物」圖層進行複製，然後在
新圖層上按 Ctrl+T（任意變形）快捷鍵，按一下右
鍵並選擇垂直翻轉選項，最後進行動態模糊處理，
實際設定如圖 9-19 所示。

STEP 10 降低圖層的不透明度為 40%，然後按 Ctrl+E
快捷鍵，向下合併圖層，此時效果如圖 9-20 所示。

∩ 圖 9-19 動態模糊參數設定

∩ 圖 9-20 路面反射效果

STEP 11 在畫面的右下角增加一些近景的積雪配景。打開積雪檔案 02.psd 將其拖
入目前檔案中；在影像中使用移動和縮放工具調整其位置，然後在圖層面板中
拖動圖層，並將其命名為「近景雪景」，如圖 9-21 所示。

∩ 圖 9-21 增加近景積雪配景

STEP 12 為畫面增加一些人物，使畫面看起來更生動。打開「人物.psd」檔案，將其拖動至目前檔案中；在影像中使用移動和縮放工具調整其位置，再使用前面講解的方法為人物增加路面反射；最後合併圖層，將其命名為「人物」，效果如圖 9-22 所示。

⚙ 圖 9-22 增加人物配景

在建築模擬圖的製作過程中佈置配景是非常常見的，在畫面表現中加入適宜的人物，可以起到點綴畫面、襯托氣氛、彰顯建築體量、表現建築功能的作用，但是人物不易過多過雜，否則會畫蛇添足，捨本逐末。

STEP 13 在公路上加入幾輛汽車。打開「汽車.psd」檔，將其拖曳至目前檔中，在影像中使用「移動」和「縮放」工具調整其位置，再使用前面講解的方法為人物增加路面反射，最後合併圖層，將其命名為「汽車」，效果如圖 9-23 所示。

⚙ 圖 9-23 增加汽車配景

STEP 14 隱藏除「汽車」、「人物」、「近景雪景」、「植物」、「路面積雪」和「公路路面」這 6 個圖層以外的所有圖層，然後按 Shift+Ctrl+Alt+E 快捷鍵（合併），對以上 6 個圖層進行合併操作，將其改名為「公路反光」。使用前面講述的方法進行高斯模糊、銳利化等處理，效果如圖 9-24 所示。

⌒ 圖 9-24 增加公路反光效果

STEP 15 將「公路反光」圖層的圖層模式設定為柔光，效果如圖 9-25 所示。

⌒ 圖 9-25 將公路反光設定為柔光模式

STEP 16 為場景增加角樹。打開「角樹.psd」檔，將其拖曳至目前檔案中，在影像中使用移動和縮放工具調整其位置，將其命名為「角樹」，如圖 9-26 所示。

⌒ 圖 9-26 增加角樹配景

STEP 17 在畫面的左側加入幾株配景樹。打開「樹 05.psd」檔，將其拖動至目前檔中，在影像中使用移動和縮放工具調整其位置，然後在圖層面板中拖動圖層到如圖 9-27 所示位置，將其命名為「樹」。

↑ 圖 9-27 增加配景樹

▶ 9.1.4 整體效果調整

在前面的操作中對場景加入了一些配景，在佈局和構圖方面大致已經調整到位，現在就整體的色調、對比度等進行進一步調整，使調入畫面中的不同零散的配景更加協調。

STEP 1 新建一個圖層，將其命名為「校色層」，在前景色「檢色器」中設定參數，如圖 9-28 所示。按 Alt+Delete 快捷鍵（前景色填滿），對新建圖層進行填滿，然後將圖層模式設定為覆蓋，此時效果如圖 9-29 所示。

↑ 圖 9-28 填滿前景色參數設定

↑ 圖 9-29 覆蓋模式處理效果

STEP 2 按 Shift+Ctrl+Alt+E 快捷鍵（合併），對顯示圖層進行合併，此時新建了一個圖層。對目前圖層進行高斯模糊處理，實際效果如圖 9-30 所示。

△ 圖 9-30 高斯模糊處理

STEP 3 將「合併」圖層的混合模式設定為覆蓋，將不透明度設定為 50%，其效果如圖 9-31、圖 9-32 所示。

△ 圖 9-31 覆蓋模式參數設定

△ 圖 9-32 覆蓋模式處理效果

STEP 4 可以發現，畫面的局部效果有些偏暗，按 Ctrl+M 快捷鍵（曲線），打開「曲線」對話視窗，設定參數如圖 9-33 所示。

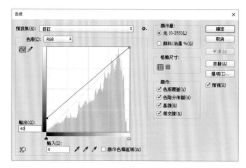

⚓ 圖 9-33 曲線參數設定

STEP 5 按 Shift+Ctrl+Alt+E 快捷鍵，合併可見圖層，最後對影像進行銳利化處理，選擇功能表列的**濾鏡→銳利化→智慧型銳利化**指令，設定參數如圖 9-34 所示。

⚓ 圖 9-34 智慧型參數設定

STEP 6 按 Ctrl+S 快捷鍵，儲存渲染模擬檔，其最後效果如圖 9-35 所示。

⚓ 圖 9-35 最後效果

9.2 中式餐廳模擬圖後製實例

在室內模擬圖的繪製過程中，後製對於提高出圖速度和畫面效果的營造都有非常重要的作用。從渲染出來的圖來看，大致的畫面效果都正常，但細節的處理有所欠缺，如天空光對整個室內色彩的影響不足、光線投影在室內的個別物體上顯得過於凌亂、畫面左側部分的光影氣氛營造得不夠等。因此，需要使用 Photoshop 軟體去修飾渲染大圖呈現的畫面不足。

▶ 9.2.1 製作分析

把原始渲染圖和後製合成圖放在一起進行比較，如圖 9-36 和圖 9-37 所示。

ᴖ 圖 9-36 渲染效果

ᴖ 圖 9-37 後製效果

原始渲染圖需要改進的部分如下：

ᵔ 光線帶來的色彩變化不足，室內外缺乏通透感、空氣感，給人的感覺較沉悶。

ᵔ 室內物體明暗關係不夠明確。

ᵔ 局部缺乏色彩、光線的細節變化。

ᵔ 針對想要表達的空間特點，在具有美感及合理的情況下可以自由發揮設計，但在製作過程當中要反應出主題思想，畫面盡可能簡潔。

▶ 9.2.2 打開成品圖及色版檔案

STEP **1** 打開 Photoshop，選擇**檔案**→**開啟舊檔**指令，匯入渲染出的成品圖和色版圖，如圖 9-38 所示。

🎧 圖 9-38 渲染成品及渲染色版

STEP **2** 按住 Shift 鍵並配合移動工具，將色版圖拖曳到成品圖檔案，這時在成品圖檔的圖層中增加了一個色版圖層，如圖 9-39 所示。

🎧 圖 9-39 增加渲染色版圖層

複製原始圖層背景作為備份圖層。在後製調整畫圖時，複製「背景」圖層並建立一個「背景拷貝」當作備份是非常重要的，如圖 9-40 所示。

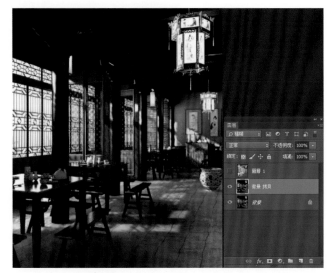

🎧 圖 9-40 複製原始背景圖層

▶ 9.2.3 調整局部效果

因為本案例在出成品圖時，畫面大致上正常，在大的方向上，如亮度、對比度、色彩方面沒有太多需要整體調整的，所以可以直接開始調整更細小的部分。

1．調整地面

地面給人的感覺不夠沉穩，主要原因是地面的明暗對比度不夠且缺乏顏色的變化。這可以透過遮色片、曲線等指令達到理想的效果。

STEP 1 透過色版選取範圍地面區域，從「背景拷貝」中進行複製，使用 Ctrl+J 快捷鍵複製圖層，建立形成「圖層 2」，如圖 9-41 所示。

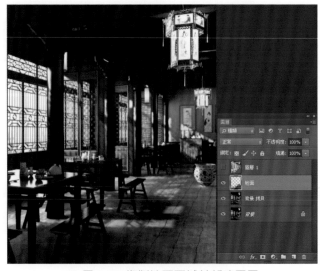

🎧 圖 9-41 複製地面區域並新建圖層

STEP 2 為了方便尋找，按兩下「圖層 2」使其處於啟動狀態。輸入文字「地面」，將「圖層 2」更名為「地面」，如圖 9-42 所示。

🎧 圖 9-42　重命名地面圖層

STEP 3 按一下地面圖層，對其使用快速遮色片指令，配合使用筆刷工具，選取需要調整的地面區域，如圖 9-43 所示。

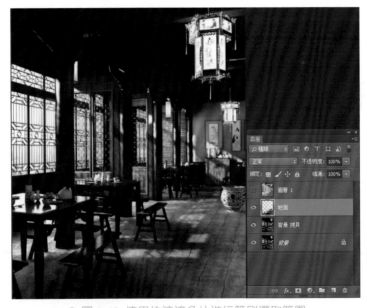

🎧 圖 9-43　使用快速遮色片進行筆刷選取範圍

空間設計模擬圖後製合成技巧

9

STEP 4 再次使用快速遮色片指令，使紅色區域處於浮動選擇狀態建立選取範圍，如圖 9-44 所示。

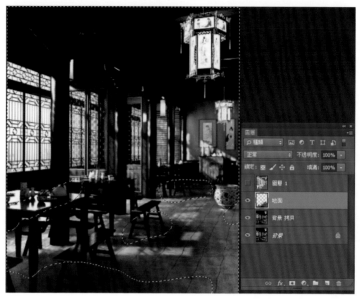

⌒ 圖 9-44 選取需調整的地面區域

STEP 5 使用**影像**→**調整**→**曲線**指令，對窗地面層進行調整，如圖 9-45 所示。

STEP 6 地面最後調整結果，如圖 9-46 所示。

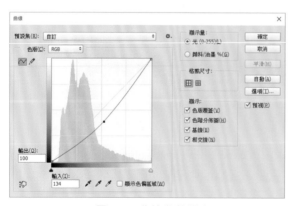

⌒ 圖 9-45 曲線參數設定

⌒ 圖 9-46 調整後效果

2 · 地面污漬處理

為了加強地面的真實感，在地面的位置貼入一張黑白貼圖。

STEP 1 打開一張黑白貼圖，如圖 9-47 所示。

STEP 2 將黑白貼圖匯入場景檔中，配合 Ctrl+T 快捷鍵進行調整，如圖 9-48 所示。

⋂ 圖 9-47 打開黑白貼圖　　　　　　⋂ 圖 9-48 調整黑白貼圖

STEP 3 將黑白貼圖控制在地面區域，如圖 9-49 所示。

STEP 4 在圖層模式下拉清單中選擇柔光模式，如圖 9-50 所示。

STEP 5 調整後的效果，如圖 9-51 所示。

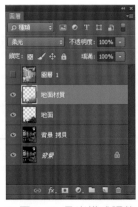

⋂ 圖 9-49 調整貼圖位置　　⋂ 圖 9-50 柔光模式調整　　⋂ 圖 9-51 調整後效果

3 · 調整桌腳椅腳

為了將畫面中物體的上下層次拉得更開，需要對畫面中的桌腳椅腳進行調整。

STEP 1 透過色版選取桌腳椅腳區域，從「背景拷貝」中進行複製，使用 Ctrl+J 快捷鍵複製圖層，建立形成圖層「桌腳椅腳」，如圖 9-52 所示。

STEP 2 使用**影像**→**調整**→**曲線**指令，將地面的亮度適當減弱，如圖 9-53 所示。

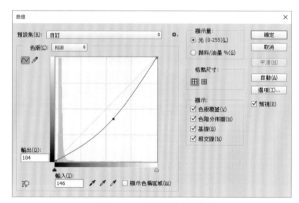

⋒ 圖 9-52 複製桌腳椅腳圖層　　　　　⋒ 圖 9-53 曲線參數設定

STEP 3 調整結果如圖 9-54 所示。

STEP 4 為了拉開畫面的前後關係，增強空間感，選擇中間部位的桌腳將其進行提亮處理，最後效果如圖 9-55 所示。

⋒ 圖 9-54 曲線調整後效果　　　　　⋒ 圖 9-55 提亮後畫面效果

4・調整櫃面

因為光影關係比較複雜，使得櫃面看上去比較凌亂，需要調整。

`STEP 1` 透過色版選取櫃面區域，從「背景拷貝」中進行複製，使用 Ctrl+J 快捷鍵複製圖層，建立形成圖層「櫃面」，如圖 9-56 所示。

`STEP 2` 使用**濾鏡**→**模糊**→**動態模糊**指令，如圖 9-57 所示。

⋒ 圖 9-56 複製櫃面圖層　　⋒ 圖 9-57 動態模糊參數設定

`STEP 3` 櫃面調整前後對比效果如圖 9-58 所示，整體效果如圖 9-59 所示。

⋒ 圖 9-58 櫃面調整前後效果對比　　⋒ 圖 9-59 調整後整體效果

5 · 調整瓷器

STEP 1 透過色版選取瓷器區域，從「背景拷貝」中進行複製，使用 Ctrl+J 快捷鍵複製圖層，建立形成圖層「瓷器」，如圖 9-60 所示。

STEP 2 使用快速遮色片工具選取瓷器右側部分，如圖 9-61 所示。

↑ 圖 9-60 複製瓷器圖層

↑ 圖 9-61 選取瓷器右側區域

STEP 3 使用**影像**→**調整**→**曲線**指令將其調暗，如圖 9-62 所示。

STEP 4 調整後的最後效果如圖 9-63 所示。

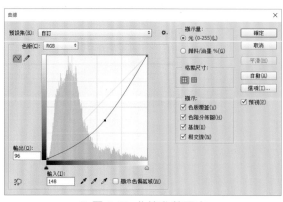

↑ 圖 9-62 曲線參數設定

↑ 圖 9-63 調整後效果

6 · 調整門窗間隔

STEP 1 透過色版選取門窗間隔區域，從「背景拷貝」中進行複製，使用 Ctrl+J
快捷鍵複製圖層，建立形成圖層「門窗間隔」，如圖 9-64 所示。

STEP 2 使用**影像**→**調整**→**曲線**指令，參數設定如圖 9-65 所示。

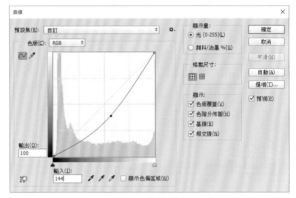

◑ 圖 9-64 複製門窗間隔圖層　　　　　　◑ 圖 9-65 曲線參數設定

STEP 3 調整前後的對比效果，如圖 9-66 所示。

◑ 圖 9-66 調整前後效果對比

7 · 調整間隔

STEP 1 在門窗間隔圖層中選取間隔區域。

STEP 2 配合 Ctrl+J 快捷鍵，原地貼上並建立「間隔」圖層，如圖 9-67 所示。

STEP 3 使用**影像→調整→曲線**指令將其提亮，效果如圖 9-68 所示。

↑ 圖 9-67 複製間隔圖層

↑ 圖 9-68 提亮後效果

8 · 調整柱子

柱子在整個畫面中有支撐整個空間結構的作用，為了加強柱子的穩定感，要對其進行調整。

STEP 1 透過色版選取柱子區域，從「背景拷貝」中進行複製，使用 Ctrl+J 快捷鍵複製圖層，建立形成圖層「柱子」，如圖 9-69 所示。

↑ 圖 9-69 複製柱子圖層

STEP 2 選擇**影像→調整→色相/飽和度**指令，如圖 9-70 所示。調整後效果如圖 9-71 所示。

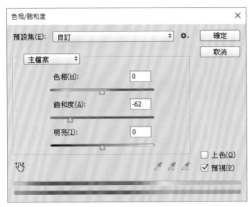

⋒ 圖 9-70 色相/飽和度參數設定

⋒ 圖 9-71 調整後效果

STEP 3 使用選取工具，將羽化值設為 80，選取柱子上、下兩部分，如圖 9-72 所示。使用**影像→調整→曲線**指令，將上、下兩部分調暗。

STEP 4 考慮到柱子下部受地面反光的影響，將柱子下部選取，適當提亮，效果如圖 9-73 所示。

⋒ 圖 9-72 選取柱子選取範圍

⋒ 圖 9-73 曲線調整局部效果

STEP 5 打開一張黑白貼圖,如圖 9-74 所示。為了得到柱子光影斑駁的效果,加強柱子的真實感,將黑白貼圖拖曳至場景檔,如圖 9-75 所示。在圖層面板選擇覆蓋模式,如圖 9-76 所示。

⋂ 圖 9-74 打開黑白貼圖

⋂ 圖 9-75 將黑白貼圖拖入場景檔

⋂ 圖 9-76 轉換為覆蓋模式

STEP 6 選擇覆蓋模式後,畫面效果如圖 9-77 所示。選擇柱子部分,配合 Ctrl+Shift+I 快捷鍵,在黑白圖層中將所選取範圍域刪除,如圖 9-78 所示。

⋂ 圖 9-77 覆蓋後效果

⋂ 圖 9-78 刪除柱子選取範圍

9 · 調整門板

STEP 1 透過色版選取門板區域，從「背景拷貝」中進行複製，使用 Ctrl+J 快捷鍵複製圖層，建立形成圖層「門板」，如圖 9-79 所示。

STEP 2 選擇**影像→調整→曲線**指令，將其調暗，如圖 9-80 所示。

◑ 圖 9-79 複製門板圖層

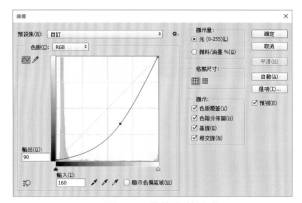

◑ 圖 9-80 曲線參數設定

STEP 3 調整前後的效果對比如圖 9-81 所示。

◑ 圖 9-81 調整前後效果對比

10 · 調整牆面

STEP 1 透過色版選取門板區域，從「背景拷貝」中進行複製，使用 Ctrl+J 快捷鍵複製圖層，建立形成圖層「牆面」，如圖 9-82 所示。

STEP 2 使用選取工具，調整羽化值為 50，選取牆面受光部分，如圖 9-83 所示。

圖 9-82 複製牆面圖層　　　　　　　　　圖 9-83 選取牆面受光部分

STEP 3 使用**影像**→**調整**→**曲線**指令，調整前後的效果對比如圖 9-84 所示。

圖 9-84 調整前後效果對比

▶ 9.2.4 調整整體效果

選擇最上方的「牆面」圖層，然後按 Shift+Ctrl+Alt+E 快捷鍵（合併），新建合併圖層。

1 · 霧化效果

STEP 1 在「合併」圖層上方增加一個新的圖層，並填滿為黑色，然後將其圖層的混合模式設定為「濾色」，如圖 9-85 所示。

STEP 2 將前景色設定為白色，然後選擇筆刷工具，將筆刷設定為柔和邊緣，並將不透明度設定為 20%，在「圖層 1」上進行繪製，繪製出比較自然的霧效果，如圖 9-86 所示。然後透過調整「圖層 1」的不透明度來調整霧的濃度，如圖 9-86 所示。合併「圖層 1」與「合併」兩個圖層。

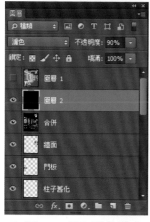

🎧 圖 9-85 增加濾色模式

🎧 圖 9-86 增加霧化模式

2‧高斯模糊

STEP 1 選擇橢圓選取畫面工具，將羽化值設為 150，選擇區域如圖 9-87 所示。按 Shift+Ctrl+I 快捷鍵，得到反轉選取範圍。

STEP 2 選擇**濾鏡→模糊→高斯模糊**指令，跳出「高斯模糊」對話視窗，參數設定如圖 9-88 所示。

🎧 圖 9-87 選取畫面中心區域

🎧 圖 9-88 高斯模糊參數設定

STEP 3 得出模糊效果後，可以透過調整圖層的不透明度控制高斯模糊的程度，如圖 9-89 所示。中式餐廳模擬圖後製最後效果如圖 9-90 所示。

⌒ 圖 9-89 調整圖層不透明度　　　　⌒ 圖 9-90 最後效果

參考文獻

[1] 海天 . Photoshop CS6 中文版實戰從入門到精通 . 北京：人民郵電出版社，2012.

[2] 袁媛 . Photoshop CS5 案例 . 北京：北京希望電子出版社，2011.

[3] 李淑玲 . Photoshop CS2 景觀模擬圖後製表現教程 . 北京：化學工業出版社，2008.

[4] 李娜等 . Photoshop 實用教程 . 北京：北京理工大學出版社，2005.

[5] 王璞 . Photoshop CS 標準教程 . 西安：西北工業大學音像電子出版社，2005.

[6] 張立君 . Photoshop 影像處理 . 北京：中國計畫出版社，2009.

[7] 洪光，周德雲 . Photoshop 實用教程 . 大連：大連理工大學出版社，2004.

[8] 王國省，張光群 . Photoshop CS3 應用基礎教程 . 北京：中國鐵道出版社，2009.

[9] 張丕軍，楊順花 . Adobe Photoshop CS 特效設計 . 北京：北京希望電子出版社，2005.

[10] 侯寶中，郭立清，田東啟 . Photoshop 影像處理案例彙編 . 北京：中國鐵道出版社，2009.

[11] 北京洪恩教育科技有限公司 . Photoshop 實訓與上機指導 . 地質出版社，2009.

[12] 朱軍 . Photoshop CS2 建築表現技法 . 北京：中國電力出版社，2006.

[13] 張莉莉，蘇允橋 . Photoshop 環境藝術設計表現實例教程 . 北京：中國水利水電出版社，2008.

Note

讀者回函

讀者回函

GIVE US A PIECE OF YOUR MIND

感謝您購買本公司出版的書，您的意見對我們非常重要！由於您寶貴的建議，我們才得以不斷地推陳出新，繼續出版更實用、精緻的圖書。因此，請填妥下列資料(也可直接貼上名片)，寄回本公司(免貼郵票)，您將不定期收到最新的圖書資料！

購買書號： 書名：

姓　　名：＿＿＿＿＿＿＿＿＿＿＿＿＿＿＿＿＿＿＿＿＿＿＿＿

職　　業：□上班族　　□教師　　□學生　　□工程師　　□其它

學　　歷：□研究所　　□大學　　□專科　　□高中職　　□其它

年　　齡：□10~20　　□20~30　　□30~40　　□40~50　　□50~

單　　位：＿＿＿＿＿＿＿＿＿＿＿＿　部門科系：＿＿＿＿＿＿＿＿

職　　稱：＿＿＿＿＿＿＿＿＿＿＿＿　聯絡電話：＿＿＿＿＿＿＿＿

電子郵件：＿＿＿＿＿＿＿＿＿＿＿＿＿＿＿＿＿＿＿＿＿＿＿＿

通訊住址：□□□ ＿＿＿＿＿＿＿＿＿＿＿＿＿＿＿＿＿＿＿＿

＿＿＿＿＿＿＿＿＿＿＿＿＿＿＿＿＿＿＿＿＿＿＿＿＿＿＿＿

您從何處購買此書：

□書局 ＿＿＿＿　□電腦店 ＿＿＿＿　□展覽 ＿＿＿＿＿　□其他 ＿＿＿＿

您覺得本書的品質：

內容方面：　□很好　　　□好　　　□尚可　　　□差

排版方面：　□很好　　　□好　　　□尚可　　　□差

印刷方面：　□很好　　　□好　　　□尚可　　　□差

紙張方面：　□很好　　　□好　　　□尚可　　　□差

您最喜歡本書的地方：＿＿＿＿＿＿＿＿＿＿＿＿＿＿＿＿＿＿＿

您最不喜歡本書的地方：＿＿＿＿＿＿＿＿＿＿＿＿＿＿＿＿＿

假如請您對本書評分，您會給(0~100分)：＿＿＿＿＿＿ 分

您最希望我們出版那些電腦書籍：

請將您對本書的意見告訴我們：

您有寫作的點子嗎？□無　　□有　　專長領域：＿＿＿＿＿＿＿＿

歡迎您加入博碩文化的行列哦！

✂請沿虛線剪下寄回本公司

Give Us a Piece Of Your Mind

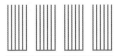

廣　告　回　函
台灣北區郵政管理局登記證
北台字第4647號
印刷品·免貼郵票

221

博碩文化股份有限公司　產品部

新北市汐止區新台五路一段112號10樓A棟

如何購買博碩書籍

全 省書局

請至全省各大書局、連鎖書店、電腦書專賣店直接選購。

（書店地圖可至博碩文化網站查詢，若遇書店架上缺書，可向書店申請代訂）

信 用卡及劃撥訂單（優惠折扣85折，未滿1,000元請加運費80元）

請於劃撥單備註欄註明欲購之書名、數量、金額、運費，劃撥至

帳號：17484299　戶名：博碩文化股份有限公司，並將收據及

訂購人連絡方式傳真至(02)26962867。

線 上訂購

請連線至「博碩文化網站 http://www.drmaster.com.tw」，於網站上查詢

優惠折扣訊息並訂購即可。

信用卡 CREDIT CARD

專用訂購單

※優惠折扣請上博碩網站查詢，或電洽 （02）2696-2869#307

※請填妥此訂單傳真至（02）2696-2867或直接利用背面回郵直接投遞。謝謝！

一、訂購資料

	書號	書名	數量	單價	小計
1					
2					
3					
4					
5					
6					
7					
8					
9					
10					
		總計 NT$			

總　計：NT＄_____　X 0.85 ＝折扣金額 NT$_____

折扣後金額：NT＄_____ ＋ 掛號費：NT＄_____

＝總支付金額 NT＄_____　　※各項金額若有小數，請四捨五入計算。

「掛號費 80 元，外島縣市100元」

二、基本資料

收 件 人：_____　　生日：_____ 年 ____ 月____日

電　　話：（住家）_____ （公司）_____ 分機_____

收件地址：□ □ □ _____

發票資料：□ 個人（二聯式）　　□ 公司抬頭/統一編號：_____

信用卡別：□ MASTER CARD　□ VISA CARD　□ JCB 卡　□ 聯合信用卡

信用卡號：□□□□ □□□□ □□□□ □□□□

身份證號：□□□□□□□□□□

有效期間：_____年_____月止 （總支付金額）

訂購金額：_____元整

訂購日期：_____ 年 ____ 月____日

持卡人簽名：_____ （與信用卡簽名同字樣）

- 黏 貼 處 -

博碩文化網址
http://www.drmaster.com.tw

請沿虛線剪下寄回本公司

廣　告　回　函
台灣北區郵政管理局登記證
北台字第 4 6 4 7 號
印刷品・免貼郵票

221
博碩文化股份有限公司　業務部
新北市汐止區新台五路一段 112 號 10 樓 A 棟

如何購買博碩書籍

全省書局

請至全省各大書局、連鎖書店、電腦書專賣店直接選購。

（書店地圖可至博碩文化網站查詢，若遇書店架上缺書，可向書店申請代訂）

信用卡及劃撥訂單（優惠折扣 85 折，未滿 1,000 元請加運費 80 元）

請於劃撥單備註欄註明欲購之書名、數量、金額、運費，劃撥至

帳號：17484299　戶名：博碩文化股份有限公司，並將收據及

訂購人連絡方式傳真至 (02)26962867。

線上訂購

請連線至「博碩文化網站 http://www.drmaster.com.tw」，於網站上查詢

優惠折扣訊息並訂購即可。